KB239465

50만원으로 일본유학 가자!

일본 신문 장학생

일본 신문장학생

50만원으로 일본유학 가자!

초판 1쇄 발행 2011년 3월 21일

지은이 김용기

펴낸곳 도서출판 이비컴   **펴낸이** 강기원
표지 디자인 이승현   **편집 디자인** 윤은정
사진 이동혁   **마케팅** 김동중 · 이은미

주소 (130-811) 서울시 동대문구 신설동 96-24 세원빌딩 402호
대표전화 (02)2254-0658   **팩스** (02) 2254-0634
전자우편 help@bookbee.co.kr

등록번호 제 6-0596호   **등록일자** 2002.4.9
ISBN 978-89-6245-058-3   13980
웹사이트 http://www.bookbee.co.kr

ⓒ 김용기, 2011

일본 신문 장학생

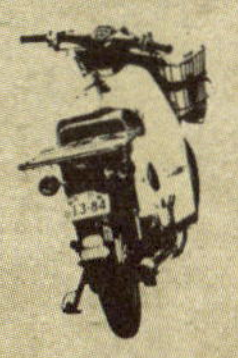

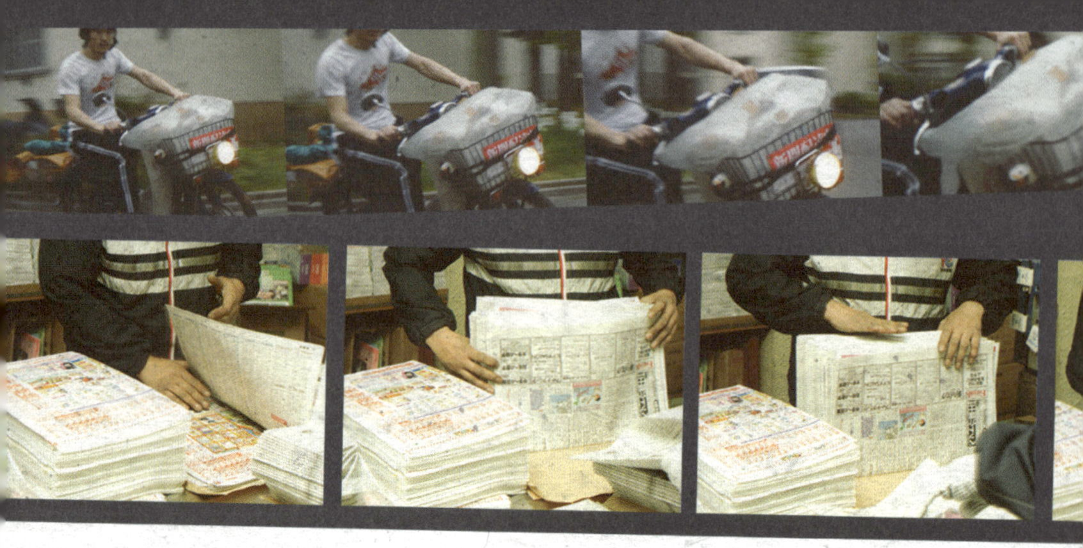

"용상은 왜 일본에 왔어요?"

아마도 일본에서 생활하면서 가장 많이 받은 질문이었던 것 같다.

그럴 때마다 "전 오꼬노미야끼를 먹으러 일본에 왔습니다." 라고 대답을 했고

대부분의 사람들은 재미있다며 그저 웃고 넘어갔다.

하지만, 난 진짜였다.

내가 일본을 가고 싶다고 생각한건 아주 오래 전이지만

대부분의 사람처럼 언제나 그럴듯한 핑계를 만들어 왔다.

'가고 싶기는 하지만 돈이 없으니 하는 수 없잖아...'

'일본어는 히라가나도 모르는데 일단 학원부터 다녀볼까?'

요즘은 아무나 가는 게 외국유학이라지만, 내 머릿속에도 '유학=돈' 이라는 공식은 지워지지 않았다. 하지만, 난 결국 단돈 50만원을 들고 현해탄을 건넜고 지금은 그것이 계기가 되어 다시금 일본에서 나의 생각을 펼쳐보이려 하고 있다.

일본신문장학생은 유학원의 광고처럼 학비와 기숙사를 제공해주는 누구나 '혹' 할 만한 좋은 제도이지만 모든 것을 해결해주는 만능열쇠는 아니다. 그렇다고 노예처럼 일만하는 외국인 노동자가 되어야 하는 것은 더더욱 아니다. 전 보다 많은 사람들에게 알려지기는 했지만 아직도 많은 사람들이 자신의 꿈을 담보로 불안감을 안고 비행기에 몸을 싣고 있다.

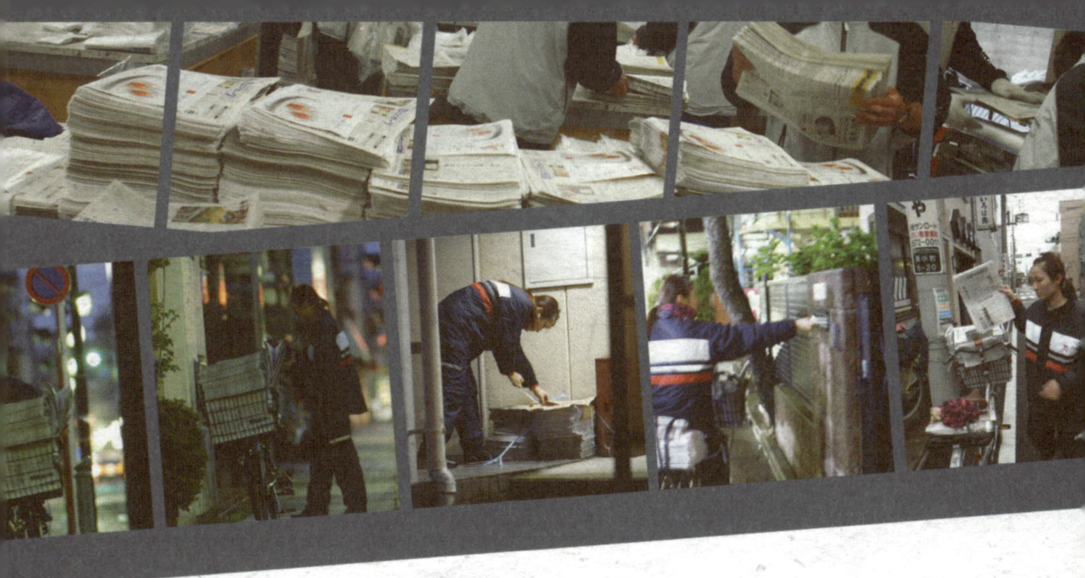

이것은 내가 경험한 신문장학생 1년간의 기록이다.

유학원의 광고와 카페에서 접하는 체험수기만 믿고 발걸음을 내딛었다가 좌절과 배신감을 느끼고 한국행 비행기를 타는 친구들을 여럿 보았다. 전보다는 많이 알려지고 보다 다양한 정보들을 얻을 수 있게 되었지만 단편적인 감상이나 생활패턴의 설명이 전부이다. 막연한 두려움과 무조건적인 희망사이에서 고민하고 있을 예비 신문장학생들에게 생활 속에서 경험하고 느꼈던 이야기를 통해 정확한 정보와 올바른 선택을 하는데 있어 도움이 되고자 한다. 그리고 나아가 일본유학을 꿈꾸는 사람들에게 보다 많은 선택의 길을 제시해주고 싶다.

도쿄에서 용상

준비기 _ 무모한 도전

적응기 _ 신문팔이 소년

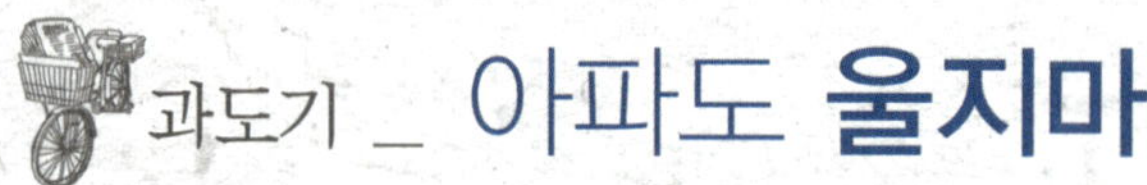

과도기 _ 아파도 울지마

안정기 _ 생활의 **달인**

도약기 _ **마음**의 하루

정리기 _ 인생의 디딤돌

무모한 도전

드디어 시작이다.

모든 준비가 끝났다.

조금 서두른 감도 없지 않지만

이미 주사위는 던져졌다.

12개월 간 나를 먹여 살려줄 녀석

그리고 가까이 해야 할 녀석,

지금은 무슨 말을 하는지

도무지 알 수 없지만

조금만 기다려라!

내가 널 잡는다!

● 휴학 하고 뭐 하지?

신세계 발견

"다음 학기에 휴학 할 사람은 이번 주까지 신청서 제출하도록 해요."

수업이 끝나고 들어온 유학생 담당 선생님의 이야기를 듣자마자, 머릿 속엔 온통 휴학에 대한 생각으로 가득차기 시작했다. 중국에서 대학교 졸업을 1년 남긴 시점이었지만 학생신분일 때, 하고 싶은 일을 마음껏 해보자는 생각이 들었다.

그런데 휴학을 하고 뭘 하지? 그냥 놀 수는 없고… 남들 다가는 호주나 캐나다로 영어를 배우러 가는 것도 괜찮다고 생각했지만 당시에는 왜 영어를 배워야만 하는지 별로 납득이 가지 않았다. 평균수명이 100세가 될 세상에서 영어는 선택이 아닌 필수라는 것쯤은 알고 있었지만 내 머리 속에서는 그저 '배워두면 취업에 도움이 될 꺼야' 라고만 소리치고 있었다. 무슨 똥 배짱인지는 모르겠지만 단지 취업을 위한 공부는 싫었다.

'용기야! 한번 생각해보자. 지금 뭘 가장 하고 싶은지!'

휴학하면 뭘 가장 하고 싶어? / 여행

여행이라면 어떤? / 어학 공부도 하고 아르바이토도 하는 그런…

워킹홀리데이 같은… / 뭐, 비슷한 거지

생각해 놓은 나라는 있어? / 어려서부터 일본을 꼭 한 번 가보고 싶었어.

일본? 물가가 비싸잖아. 지금은 넉넉해? / 아니, 전혀!

유학을 가려면 돈이 있어야 하는데 그럼 너무 대책이 없잖아!

 / 돈 있다고 유학가냐! 사지 멀쩡한데 가서 일이라도 하면 되지!!

그렇게 무작정 휴학계를 내고 정신을 차려보니 막막함이 쓰나미로 몰려왔다. '그래도 일본을 가려면 돈이 있어야 하는데 어떻게 하지?' 불안한 마음을 부여잡고 세상의 모든 지식을 알려주시는 녹색창틀 '너이버' 님께 도움을 요청했다.

    '일본에 공짜로 가는 법!'

딸깍! 쏴라라라~~~

'세상에! 돈 없이도 일본에 갈 수 있는 방법이 이렇게나 많다니!' 감탄을 하며 검색결과를 읽어봤는데, '이벤트에 응모하세요!', '그런 방법 있으면 내가 갔다왔지! 캬캬~' 등의 광고 혹은 장난스러운 답변밖에 보이지 않았다. 하긴 공짜로 일본을 가겠다고 하는 놈이 도둑놈이지 그런 방법이 있을리 만무했다.

현실성에서 문제가 있다고 판단한 나는 이번에는 좀 더 실현가능한 검색어를 집어넣었다. '일본유학 저렴하게 가는 법!' 딸깍! 이번엔 한눈에 봐도 종전과는 결과물이 전혀 달랐다. 유학이라는 단어 때문에 유학원의 홍보성 광고가 많이 보이기는 했지만 뭔가 느낌이 달랐다. 그 중에서도 내 눈을 사로잡은 것은 "일본신문장학생! 이보다 저렴한 일본유학은 없다!"라는 광고카피였다. 신문장학생이란 말이 조금 생소하게 느껴져 다시한번 창틀님께 도움을 요청했다.

오, 이런…! 모니터에서 보여지는 검색결과를 도저히 믿을 수가 없었다. '일본신문장학생, 학비와 기숙사비 전액무료', '월 급여 130만원', '무료수속', '긴급모집', 세계에서 두 번째라면 서러울 정도로 살인적인 물가를 자랑하는 도쿄에서 학비와 기숙사를 제공받으며 자비 유학이 가능하다고 이야기하는 것이었다. '사기 아닐까?' 하는 의구심도 들었지만 한편으로는 진짜였으면 좋겠다고 생각을 했다.

유학도 여행과 마찬가지로 먼저 다녀온 사람들의 이야기를 귀담아 듣기 마련인데, 관련 정보를 수집하면서 신문장학생의 수기를 읽어보니 사람마다 전혀 다른 평가가 있었다. '하려고 하는 의지만 있다면 초기자금 없이 시작할 수 있는 일본유학의 가장 좋은 방법'이라고 추천하는 사람들과 '공부할 시간도 없고 신문배달만 죽도록 하고 돌아오는 노예제도'라며 절대 말리는 사람들. 신문장학생에 대한 생각이 극과 극으로 나뉘는 상태에서 내가 할 수 있는 것이라고는 단 한가지 밖에 없었다. 직접 해보는 수밖에.

그리고 대체로 얼마나 고생을 하느냐에 대한 차이만 있었을 뿐 제도자체에 대한 내용은 믿을 만한 것이어서 신문장학생으로의 지원을 결정하게 되었다. 좀 더 정확히 말하자면 신문장학생 말고는 방법이 없었다. 아마도 신문장학생을 지원하는 대부분의 사람이 같은 이유일 것이다. 그렇게 무작정 지원을 결정한 나의 겁 없는 일본유학 프로젝트는 드디어 그 서막을 열게 되었다.

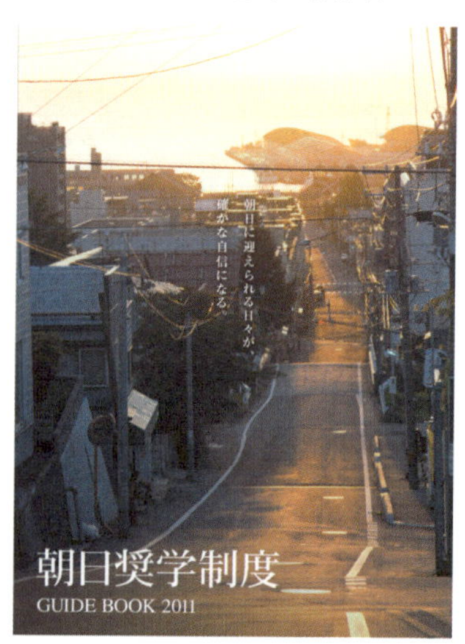

● 위기의 순간에 더욱 강해지는 법!

미션임파서블

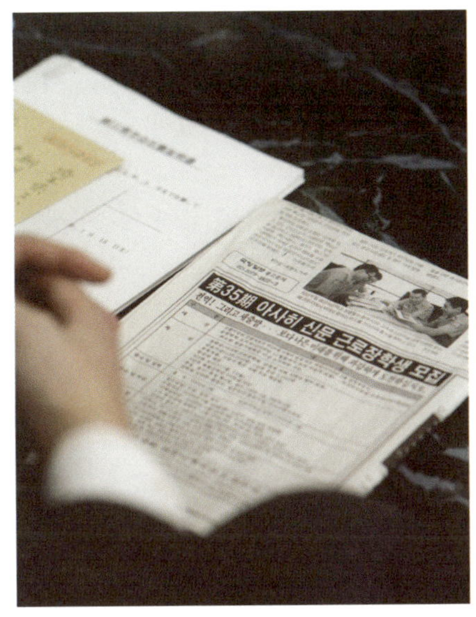

무엇이든 잘 모르는 상태에서 선택을 한다는 것은 참으로 막막한 일이 아닐 수 없다. 나 역시 인터넷과 전화문의를 통해서 이곳저곳에 수없이 문의를 해봤지만 수속비 차이를 제외하고는 인터넷에서 보아왔던 내용과 별다른 차이가 없었다. 대답이 너무 똑같아서 모두 같은 곳에서 운영하는 곳인가 하는 착각이 들기도 했다. 결국 내용면에서는 별다른 차이가 없다고 자체적 결정을 내리고 하루라도 빨리 출국을 시켜줄 수 있는 곳을 기준으로 다시 후보군을 좁혀 나갔다.

"저, 신문장학생 신청을 하려고 하는데요?"

"이번 학기 지원은 모두 마감 됐는데요. 다음 학기도 괜찮으신가요?"

"아니요. 제가 시간이 얼마 없어서요… T.T"

신문장학생은 일반적으로 3개월에서 6개월 전부터 지원자를 모집하고 마감하는데, 휴학기간이 1년이던 나는 스스로의 정보부족을 원망하며 절망의 쓰나미 속에서 발버둥치고 있었다. 하지만 일본을 가게 될 팔자였는지 운명(?)의 그곳과 전화가 연결되었다.

"저... 신문장학생을 지원 하고 싶은데요."
"이번 학기 모집은 벌써 끝났습니다. "
"아... 그래요? 알겠습니다."
"잠시만요! 언제쯤 출국 예정이신데요?"
"저는 빠르면 빠를수록 좋은데요."

잠시 동안의 침묵.......

"사실 한 분이 갑자기 취소를 하셔서 지금 딱 한 자리가 남아있거든요. 준비
만 빨리 되시면 다음 달 출국도 가능 할 것 같은데, 어떠세요?"
"네? 다음 달이요?"

지금 돌이켜보면 조금 냄새나는 멘트라고도 생각이 되지만 당시에는 시간이 없
던터라 달리 고민을 할 여유가 없었다. 그렇게 나의 출국일은 갑작스럽게 정해졌
다. 생각보다 빨리 출국날짜가 정해지자 나의 몸과 마음은 바빠지기 시작했다. 그래
서였을까, 일사천리로 진행되던 나의 준비과정에 예상치 못한 문제가 생겨버렸다.

바이크오토바이 운전 경험이 없던
나는 신문배달에는 능숙한 운전이
필수라고 생각하고, 친구의 바이
크를 빌려 공원에서 연습을 시작
했다. 바이크에 대한 개념자체가
없었지만 몇 바퀴를 돌다보니 생
각보다 그리 어렵지는 않았다. 그
리고 처음 느껴보는 바이크의 속
도감에 탄력을 받은 나는 구름다
리 등정까지 시도를 했다.

오르막 이여서 그런지 평지와는 다르게 속도가 잘 나질 않았다. 무식한 놈이 용감하다고 나는 단순하게 핸들을 끝까지 당겼고, 그제서야 바퀴에 힘이 실리면서 오르막을 오르기 시작했다. 순조롭게 꼭대기에 이르자 '바이크 운전도 별것 아니구나.' 하는 생각이 들었는데, 바로 그것이 불행의 시작이었다.

정상을 정복했다는 승리감에 취한 나머지 오르막 뒤에는 반드시 내리막이 있다는 옛 선인들의 거룩한 말씀을 잠시 잊어버렸다. 뭔가 잘 못 되가고 있다는 생각이 들었을 때는 이미 몸은 아래로 기울고 있었고 처음 느끼는 속도감의 공포에 브레이크를 밟는다는 것이 그만 앞바퀴 브레이크를 잡아버렸다. 결과는 맨땅에 보기 좋게 헤딩! 그 누구도 따라할 수 없는 '안면태클' 로 인해 자그마치 '8주' 라는 진단결과를 받았다. 출국일자는 잡혀있었지만 심한 안면 찰과상과 다리 골절로 인해 졸지에 집에서 요양을 해야하는 신세가 되었다. 시간이 갈수록 몸은 회복되어 갔지만 마음의 불안감은 점점 커져갔다. 죽지 않은 것이 기적이었다.

하지만 사람은 위기의 순간에서 더욱 강해지는 법! 사고가 일어나기 전까지만 해도 꼭 가야겠다는 생각보다는 '한번 해보고 싶다.' 라는 정도였는데, 막상 못 가게 될 지도 모른다는 생각이 드니까 '다리를 저는 한이 있더라도 난 무조건 갈꺼야!' 하는

오기가 발동했다. '왜?' 라는 질문은 필요하지 않았다. 그저 '무조건 간다.'고만 생각했다. 조금 무모하다 싶은 감도 있었지만 돌이켜보면 그때의 오기가 쉽지 않았던 일본유학생활을 버티게 해준 원동력이 되었던 것 같다.

목발을 짚으면서도 열심히 피부과를 다니고 외출을 삼가해서인지 얼굴의 상처는 빠르게 회복되었다. 하지만 정작 중요한 오른쪽 다리는 3주가 지나도 전혀 차도를 보이지 않았다.

출국 1주일을 남기고 최종 O.T에 참석하기 위해 유학원을 방문했는데 나를 보고 모두 놀라는 눈치였다. 걱정 말라는 말을 하고 집으로 돌아왔지만 아무래도 1주일 안에 두발로 걸어 다니기는 어렵다는 생각이 들었다.

'반드시 있을 거야! 내 발을 낫게 해주는 무언가가...'

'至誠感天' 지성이면 감천이라고 내 바램이 통했던 것일까? 한의사이신 친구 어머님께서 한번 봐주시겠다고 연락을 주셨다. 내 발을 살펴보신 친구 어머님께서는 왜 발이 이 지경이 될 때까지 놔두었냐고 호통을 치셨다. 골절이 아니라 피가 고여서 혈액이 잘 돌지 않아 그런 것이라며, 이불 꼬맬 때나 쓸 것 같은 대바늘로 발목을 사정없이 찔렀다. 그러자 시커멓게 죽은 피가 원유터지듯이 밖으로 흘러 나왔다.

"이제 일어서봐!"
"네? 일어서라구요?"
"그래 일어서 보라고 – – "

“그게 안 될 텐데요. 발목에 힘이 안 들어...”

섰다! 일어섰다. 오른쪽 발에 딱딱한 지면의 느낌이 전해져왔다. 골절이라고 진단을 받고 1달 동안 목발만 짚고 다녔는데 침 한방에 감쪽같이 나았다.

지금 생각해도 정말 믿기 어려운 이야기. 운명을 그다지 믿는 편은 아니지만 어쩌면 난 정말 일본을 가야 할 팔자였는지도 모른다. 그렇게 우여곡절 끝에 결국 일본행 비행기에 무사히 몸을 실을 수 있었다. 물론 다리는 약간 불완전한 상태였지만.

절뚝... 쩔뚝

어린 시절,

나의 우상 마징가와 메칸더 브이가

실은 MADE IN JAPAN 이었고

국민 박사, 김 박사가

실제론 나카무라 상이었다는,

어린나이에

세상에 믿을 놈 하나 없다는

진리를 알려준 나라

일본.

신사참배, 자위대, 다케시마

심심하면 신문 1면을

자기 마음대로 차지하는 나라

니뽄을 간다.

내멋대로 때려잡기

스타또!!!

첫 발을 내딛다

공항에 도착해서 가장 먼저 한 일은 짐부치기! 경우에 따라 조금씩 다르겠지만 내 경우는 임시숙소에서 1박을 하고 외국인 등록증과 면허증 갱신을 마치고 보급소로 가기로 돼 있어서 짐을 보급소로 미리 부쳐야만 했다.

겨우겨우 입국심사를 마치고 입국장으로 나오자 오른편에 유학원에서 들었던 택배회사 간판이 보였다. 탁규－빈宅急便. 일본은 한자를 많이 사용하는데 히라가나도 모르고 일본에 건너온 나 였지만 다행히도 중국에서 공부를 한 덕분에 뜻 정도는 대충 이해 할 수 있었다.

택배는 짐의 크기와 무게에 따라 요금이 정해지는데 주의 할 점은 수량을 기준으로 가격을 정한다는 점이다. 예를 들어, 작은 가방 두개의 무게가 큰 가방 한 개의 무게와 같다 하더라도 개당 요금으로 계산하기 때문에 작은 가방 두개를 보내는 사람은 더욱 비싼 요금을 지불하게 된다.

내 경우도 가방을 두 개로 나누어 오는 바람에 비싼 요금을 물 수 밖에 없었다. 그

리고 짐을 부치기 전에 임시숙소에서 사용할 간단한 세면도구와 관련서류는 사전에
챙겨 놓도록 하자. 그냥 다 부쳐버리고 고생하는 사람 여럿 봤다. 또한 출국 시 공
항에서 짐을 부칠 수 있는 가방의 무게는 20kg까지지만 항공권을 구매할 때 수화
물 용량 추가를 부탁하면 30kg까지도 가능하니 꼭 활용하도록 하자. 보통 25kg 까
지는 인정해 주는 편이다. 단, 일본에서 출국할 경우는 절대 예외 없다. 주의요망!

도쿄의 첫 느낌
조금 떨림, 두근거림, 그리고 설레임…

▌예비 신문장학생을 위한 용상의 맞춤 짐싸기 제안

- **여권** 여권과 함께 여권 첫 면도 2~3장 복사해 둔다.

- **항공권 출발일, 시간, 비행기편명, 항공사 게이트 등 확인** 오픈티켓일 경우 예약번호를 메모해 둔다.

- **환전** 인터넷 환전을 이용하는 것이 가장 저렴하다. 출국 시 공항에서 수령

- **현금카드** 만일을 위해 한국에서 송금받기 편리한 국제현금카드를 준비한다.(외국환거래은행으로 지정 할 경우 수수료 할인을 받을 수 있다)

- **입학허가서** 일본 입국 시나 학교 입학 시 반드시 필요

- **임시기숙사 주소** 입국시나 비상시를 대비해 임시기숙사의 주소, 연락처를 알아둔다.

- **사진** 반명함 사이즈. 일본은 사진이 비싸기 때문에 여유분을 충분히 준비한다.

- **의류** 자주 갈아입어야 하기 때문에 반팔과 긴팔로 충분히 준비한다. 내복이 있다면 반드시 챙기자.(몸에 딱 붙는 것이 좋다)

- **방한용품** 목 폴라(옷이 아닌 목만 있는 것), 방한 마스크(땀이 차지 않고 쉽게 탈착 가능한 것이 좋다)

- **신발** 가벼우면서 쿠션감이 편한 신발

- **도장** 이래저래 사용할 일이 많다.(한자도장 준비)

- **전자사전** 종이사전은 부피가 많이 나가기 때문에 휴대가 간편한 전자사전을 준비한다.

- **서적** 기존에 공부하던 문법책과 여행가이드 북

- **안경과 콘텍트렌즈** 한국보다 비싸기 때문에 여유있게 준비

- **전기장판** 110V 겸용으로 준비. 일본에서도 구입가능하나 비싸다.

- **070 전화기** 인터넷을 이용한 070전화기를 준비한다면, 국제전화요금의 압박에서 자유로울 수 있다.

- **일본 임대폰** 한국에서 일본 휴대폰을 미리 받을 수 있어서 가족, 친구들에게 연락처를 알려 줄 수 있는 장점이 있다(현지 핸드폰 개통 전까지 임시로 사용). 그 외 세면도구, 수건 등은 당장 필요한 것만 준비하고 치약, 칫솔, 샴푸 등은 일본에서 사는 것이 더 저렴하다.

● 여기는 한국이 아니라구!

사전작업 3단계

찾기 힘든
치카테츠(地下鉄 / 지하철) 입구

그래도 비행기를 타고 왔다고 피곤했는지 숙소에 도착하자마자 바로 골아 떨어졌다. 아침이 되서 눈을 떠보니 TV에서 그때까지 울려대는 일본어 소리. "하이, 소레데와~ 쏼랴 쏼랴~" 아직 나에게는 그저 소음으로만 들린 뿐이었다. 간단하게 컵라면으로 끼니를 해결하고 유학원에서 알려준 대로 외국인 등록증과 일본운전면허증을 신청하기 위해서 서둘러 숙소를 나섰다.

첫 번째 목적지는 신주쿠 쿠약쇼 新宿区役所 : 신주쿠구청

구멍가게 만큼이나 작은 지하철 입구를 찾는데 진땀을 흘리긴 했지만 아침부터 서둘렀던 탓인지 생각보다 조금 일찍 쿠약쇼에 도착해버렸다.

아직은 이른 시간이란 생각에 계단에 앉아 잠시 숨을 돌리고 있는데 나까무라상처럼 보이는 수위아저씨가 다가와 '왜 여기에 앉아 있는거야!' 라며 저쪽으로 가라는 액션을 취했다. 당황한 나는 종이를 보여주며 '외국인 등록증 신청하러 왔는데 아직 업무 시간이 아니라 기다리는 중이예요!' 라고 어필하자, 아저씨는 무뚝뚝한 얼굴로 나에게 한마디를 던졌다. "기다리려면 들어가서 기다려" 아저씨 말을 듣고 안으로

들어가보니 구청은 이미 사람들로 북적거리고 있었다. 바보같이 일본구청도 9시부터라고 생각하다니. 바보... 여기는 한국이 아니라구!

외국인이 일본에서 학업과 근로활동을 하려면 우선 신분증이 되는 외국인 등록증이 있어야 한다. 입국 후 90일 이내에 구청에 등록을 해야 한다는 규정이 있기는 하지만 보급소에 들어가기 전에 필요한 모든 준비를 해 놓은 것이 좋기 때문에 보통은 도착한 다음날 등록 신청을 하는 것이 대부분이다.

미션 1. 외국인 등록증 신청하기(약 1시간가량 소요)

■ 장소

거주지와 가까운 구청(임시숙소지역의 구청에서 등록을 한 경우, 외국인 등록증이 정식으로 발급이 된 이후 실제 거주지로 이전 신고를 해야만 한다. 한국의 전입신고에 해당)

■ 준비물

1. 일본 거주지 주소와 연락처 – 임시숙소의 연락처와 주소를 사용해도 무방

2. 한국의 출생지, 집 주소(반드시 한문으로 알아 놓을 것)

3. 여권, 여권용 사진 2장

■ 구청에서 반드시 받아야하는 서류

外国人登録原票記載事項証明書(외국인 등록 원표 기재사항 증명서)

– 주소가 기재된 것으로 임시증명서 역할을 한다. 발급액 300엔

外国人登録証明書交付予定期間(외국인 등록 증명서 교부 예정기간 지정서)

– 발급 예정일자가 표시된 서류로 등록증을 찾으러 갈 때 제출하면 된다.

번호표를 뽑아들고 외국인 전용 창구에서 직원이 시키는 대로 데스크에 있는 2장의 서류를 작성하고 나니 등록이 끝났다. 외국인 등록증은 2~3주 후면 받을 수 있고 발급예정서와 임시증명서를 받으면 구청에서의 미션은 모두 마무리 된다. 일본의 공공 기관은 한글 안내가 잘 되어 있어서 일본어를 못해도 큰 문제가 없다.

　본적과 현주소의 한자를 알아가면 편하다. 비교적 쉽게 두 가지 서류를 챙겨들고 구청을 나와 다음 목적지인 영사관으로 향했다. 영사관은 신주쿠에서 그리 멀리 떨어지지 않은 아사부주방麻布十番 이라는 곳에 위치해 있는데 늦어도 오전 11시까지는 접수를 해야 오후에 운전면허증 신청을 할 수 있기 때문에 휴식을 취할 새도 없이 바쁘게 발걸음을 옮겼다.

미션 2. 한국 운전면허증 번역 공증받기

■ 장소 : 영사과

　지하철을 이용 할 경우 남북센(南北線) 또는 토에이센(都営大江戸線)의 아자부주방(麻布十番)역에서 하차해서 2번 출구로 나온 다음 고탄다(五反田) 방향으로 조금 걸어가면 왼편에 한국중앙회관이라고 쓰여 있는 건물 2층에 영사과가 있다.

　주소 : 東京都　港〈南麻布 1-7-32 / 전화번호 : 81-3)3455-2601〜3
　업무시간 : 오전 9시〜오후4시(토, 일요일, 공휴일 휴무)

■ 한국 영사관에서 할 일(30분가량 소요)

A. 필요한 서류

　　외국인 등록원표 기재사항 증명서(구청서류)
　　외국인 등록증명서 예정기간 지정서(구청서류)

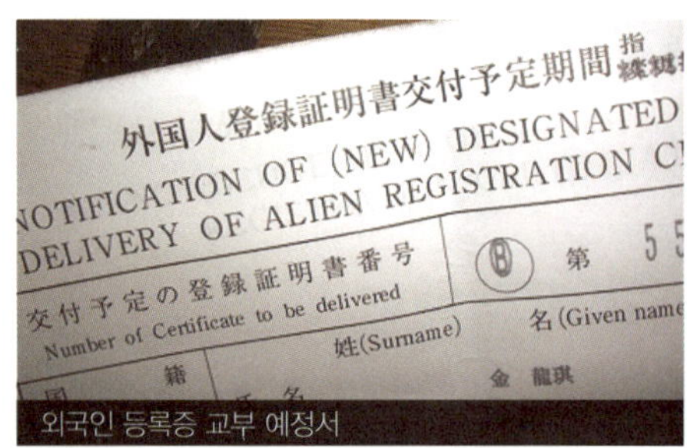

외국인 등록증 교부 예정서

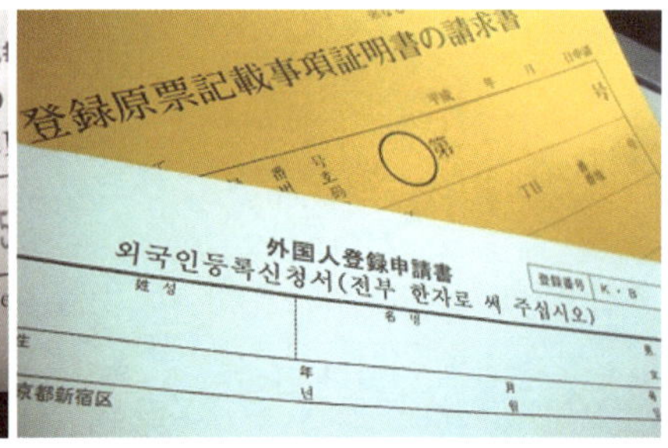

여권, 한국 면허증(앞뒤 복사본 포함), 증명사진 1장

B. 면허증 번역공증 순서

1. 견본을 참고해서 신청서를 작성한다.
2. 면허증(앞, 뒤) 1장씩을 복사한다.
3. 2층 입구에 있는 자동판매기에서 초록색 11번(400엔)을 눌러 수입인지를 구입한다.
4. 영사확인 번호표를 뽑고 창구 앞에서 대기한다.

면허증 앞뒤 복사본을 준비 못해서 영사관 복사기를 이용하려는데, 10엔짜리만 사용할 수 있는 동전투입기가 달려있었다. 동전교환기기 있는지 직원에게 물어봤지만 돌아오는 건 없다는 대답뿐, 10엔이 없어 편의점에서 샌드위치를 하나 사먹고 잔돈을 만들어 오는 수밖에 없었다. 일본이 자랑하는 자판기 시스템이 항상 편리한 것은 아니었다. 서류를 모두 제출하고 공증까지 마쳤으면 이제는 최종 목적지인 운전면허센터로 가야 할 차례다.

미션 3. 운전면허센터

■ 장소: 사메즈(鮫洲) 면허 시험장

영사관 앞에서 시나가와(品川)행 버스를 타고 시나가와역(品川駅)에서 내린다.
케이큐센(京急線) 전철을 타고 4번째 정거장인 사메즈역(鮫洲駅)에서 내린다.
※ 주의사항 : 반드시 각 역을 정차 하는 보통(普通)전철을 타야한다.

업무시간 : 평일 오전 8:00~11:00, 오후 1:00~3:00 / **전화번호** :(03) 3474-1374
소요시간 : 약 3시간

■ 면허 시험장에서 할 일

A. 필요한 서류

1. 한국 운전면허증
2. 한국 운전면허증의 일문번역 공증본(한국영사관 : 수수료 240엔)
3. 여권(여권 갱신한 사람은 반드시 구여권 지참, 구여권 분실 시는 출입국 증명서 준비할 것!)

4. 임시외국인 등록증(구청서류)

5. 사진 1장(가로 2.4cm, 세로 3cm)

6. 영문 운전경력 증명서(운전면허

   시험장 혹은 경찰서)

신청서	보통	2,400엔
	원동기	1,650엔
	대형, 중형	4,960엔
	기타	2,950엔
교부 수수료		2,100엔
병기 수수료		200엔

7. 수수료 4500엔

   운전경력 증명서의 경우 예전에는 한국면허증만 가지고 영사관에서 공증
   만 받으면 일본면허증의 발급이 가능했지만 부정취득에 의한 불미스러운
   사건이 발생하면서 지금은 꼭 제출해야만 한다. 운전경력 증명서는 반드
   시 영문이어야 하며 운전면허시험장이나 가까운 경찰서에서 발급가능하
   다(준비물 : 운전면허증 혹은 주민등록증, 수수료 3000원). 증명서는 적어
   도 2주일(14일) 이내 발행된 것으로 준비하는 것이 좋다.

B. 사메즈 면허 시험장 발급절차

1. 2층 26번 신청창구에 상기 서류 제출 후 대기(오전은 11시까지 접수마감)

2. 창구에서 간단한 설문조사 후 신청서를 들고 1층 1번 창구에서 시력검사

3. 결과가 체크된 신청서를 가지고 25번 창구에서 인지 구입

※ 오토바이와 자동차 그림을 보여주며 물어보는 경우가 있는데 50cc 이상의 바이크 혹
   은 자동차를 운전할 수 있는 면허증 취득의 의사여부를 물어보는 것이다. 당연히 추가
   비용이 들어간다. 일반적으로 신문장학생의 경우 50cc 전동기 면허증이면 충분하므
   로 필요없다.

4. 인지가 붙은 신청서를 들고 2층 26번 창구에 다시 제출 후 대기

5. 자기 번호가 호명되면 신청서를 다시 받아 들고 4층 40번 창구에서 사진
   촬영(여기서 찍은 사진이 면허증에 들어감)

6. 촬영이 끝나면 발급 예상 시간을 통보받고 발급증을 건네받음

7. 3층 발급창구에서 자신의 발급증 번호가 표시되면 발급증을 제출 후 면
   허증 수령

접수하는 사람이 많은 경우 돌아가라거나 다른 시험장으로 가기를 권유하기도
하는데 오전 중에 접수를 마쳤다면 절대 동요하지 말고 배째라고 기다리면 당일 날
무조건 받을 수 있다.

시.시.콜.콜 신문장학생 제도는 노예계약이다?

신문장학생에도 엄연히 근로계약서(유학원 제공)가 존재하지만 그만두고 싶어도 그만둘 수 없는 노예계약은 아니다.

흔히 노예계약이라고 불리는 부분은 6개월에서 1년의 근무기간이 정해져 있다는 것인데, 이 기간은 선지급된 학비를 갚아 가는 기간이라고 보면 된다. 다르게 해석하면 선지급된 학비를 갚을 수 있다면 언제든지 그만둘 수 있다는 뜻이기도 하다. 하지만, 이를 악용하는 소수의 학생들 때문에 유학원에서도 1년이나 2년 등의 계약기간을 설정하여 학생을 소개하고 있는 실정이다. 즉, 계약기간은 대출받은 학비를 갚아나가는 기간을 말한다.

신문장학생으로 일본생활을 시작하고 어느 정도 적응이 되면 신문배달이 아닌 다른 일을 하는 편이 낫겠다는 생각이 들기 시작한다. 그래서 선지급 된 학비를 반납하고 도중에 그만 두려는 사람이 있는 것도 사실이다. 하지만 이 경우에도 생각과는 다르게 많은 출혈을 감수해야 한다.

만약 6개월 남은 상태에서 그만 둘 경우, 감당해야 할 변제금액은 선지급 학비 및 선 고료 약 35만 엔(6개월 분), 새 숙소비에 필요한 야찡(家賃 / 방값) 약 12~15만 엔(최소 3개월분) 등 신문을 그만두고 새로운 보금자리를 마련하는데 약 50만 엔(약 670만원)이라는 어마어마한 금액이 필요하다.

일본 신문소에서 보면 한국에서 오는 학생들은 유학원과 1년간 인력공급을 약속받고 장학생 대우를 해주기로 약속된 사람들이다. 그렇기 때문에 생면부지의 외국인을 고용해서 업무를 주고 조직의 일원으로서 받아주는 것이다. 그런데 일본사회에 조금 적응을 했다고, 혼자서 살아갈 힘이 생겼다고 약속을 파기하고 도중에 나가겠다고 한다면 어느 누가 한국학생들을 고용하려고 할까?

외국에서 사람을 데려오는 일은 현지에서 사람을 고용하는 것보다 배나 많은 수고와 노력이 든다.

실제로 취재 중 만나본 보급소 소장들에게서 도중에 그만두는 문제 때문에 한국 학생을 뽑지 않고 있다는 이야기를 자주 들었다. 물론 유학원이나 일본 보급소의 입장만 생각해야 한다는 것은 아니지만 계약에 어긋나는 불합리만 상황이 아니라면 일방적으로 서로의 약속을 저버리는 일은 없어야 한다고 생각한다.

신문장학생은 그만두고 싶어도 그만 둘 수 없는 노예제도는 아니지만 일본에 정착하기 위해 편리한대로 잠깐 이용하는 임시 알바는 더더욱 아니다. 좋은 제도를 자신만을 위해 이기적으로 사용하는 일이 없기를 바란다.

■ **유학원을 통해서가 아닌 일본에서 직접 신문알바를 하는 경우 반드시 다음 사항들을 확인하는 것이 좋다.**

급여는 얼마인지? 숙소 환경은 어떠한지? 추가업무는 어떤 것이 있는지?

특히! 야스미(휴일)를 제대로 보장해주지 않는 곳은 피하는 것이 좋다. 이런 곳은 일을 하더라도 급여나 대우 면에서 기대하기 어렵다. 또한 보험을 들어주지 않는 곳. 교통사고가 자주 발생하는 지역 등 직접 배달을 하지 않으면 알 수 없는 정보들이 많으니 최대한 경험자 이야기에 귀를 기울이고 마음에 드는 곳이 있으면 견습기간을 가지면서 선택을 하도록 하자.

보급소를 직접 찾아갈 경우 면접과는 별도로 직접 배달하는 사람들에게 물어보면 미세와 배달 환경에 관련된 이야기를 들을 수도 있다. 어학교의 경우 학생담당 선생님께 문의해서 신문장학생을 찾아보자. 현직에서 일하는 사람들이 가장 믿을 만한 정보를 가지고 있다.

- **다른 일을 하면 신문배달보다 더 편하게 돈을 벌 수 있을 것 같은가?**

  자신이 노력만 한다면 신문장학생만으로도 충분히 일본어를 공부하면서 다양한 일본을 즐길 수 있다.

- **이제 조금 일본에서 살 수 있겠다고 생각이 드는가?**

  처음을 생각하자. 열심히 해보겠다고 마음먹었던 그때를!

● 자린고비 용상

100엔 샵에 미치다

내가 근무한 미세는 규모가 작은 편이여서 기숙사가 아닌 외부에 방을 배정 받았다. 내방이 생겼다는 기쁨도 잠시, 흥분을 가라앉히고 정신을 차려보니 생활용품이 없어 휑~하기만한 5평의 방과 텐쵸^{店長 : 점장}가 준비해놓은 '딱 1인용' 이불세트만 시야에 들어왔다. 이 '딱 1인용' 이불세트는 뽀송뽀송하기는 하지만 자다가 옆으로 몸을 돌리면 이불에서 벗어난다는 치명적인 약점을 가지고 있었다.

적막한 나의 방에 새로운 생명을 불어넣겠어! 방 채우기에 앞서 제일처음 내가 한 일은 살림살이 목록을 만드는 것이었다. 오랜 유학을 하면서 살림살이란 게 필요하다고 처음부터 무작정 구입하게 되면 밑 빠진 독에 물 붓기처럼 채워도 채워도 항상 부족함을 느낀다는 것을 이미 알고 있었다. 그래서 종이를 한 장을 '북~' 찢어 일단 생각나는 대로 전부 써내려갔다. 밥그릇, 수저, 쓰레기통, 책상, 의자, TV, 가스레인지, 전자렌지, 전기밥솥...

그런데 종이를 채워나갈수록 소박하게 시작한 나의 희망살림 물품리스트가 뒤로 갈수록 점점 고가품으로 채워지고 있었다. 모두 필요한 물건이지만 가진 돈은 고작 50만원뿐약 3만8천 엔. 처음 생각한 알뜰살뜰 대작전이 점점 불가능한 작전으로 변해가고 있었다.

Mission Impossible! 물품리스트를 보며 지극히 주관적이지만 다시한번 구입여부 타당성 검사에 들어갔다.

TV – 아직 알아듣지도 못 하는데 뭐, 당장은 없어도 돼, 패스

냉장고 – 혼자서 사는데다 조금 있으면 겨울인데 뭐, 괜찮을 거야, 패스

인터넷 설치 – 인터넷 되면 매일 방구석에서 컴퓨터만 할지도 몰라, 그건 곤란하지. 패스

책상– 아직, 히라가나도 모르는데 차라리 최대한 많이 돌아다니자, 패스

의자 – 책상이 없는데 의자는 무슨, 당연히 패스

패스, 패스, 패스 이건 뭐 하이패스도 아니고 남아나는 게 없었다. 절대 가벼운 지갑사정 때문이 아니라고 위로해 보았지만 첫 월급까지 버티기에는 자질구레한 생활용품밖에 구입 할 여력이 없었다. 처음부터 현지에서 자급자족하는 것이 목표였기 때문에 당장은 좀 불편하더라도 최소한의 필수품만을 구입하기로 했다.

옷을 주섬주섬 챙겨 입고 망설임 없이 내가 찾은 곳은, 오는 길에 눈도장 콕! 찍어 놓은 집 근처 100엔 샵. 최근 우리나라에서도 부쩍 늘어난 '다있소' 역시 100엔 샵의 본고장 답게 우리나라보다 훨씬 다양한 수량과 물건을 자랑하고 있었다. 일본에서 100엔 샵을 처음 가보면 정신 못 차린다는 이유를 드디어 알게 되었다.

견물생심이라 했던가? 충동구매를 막기 위해 물품구입 목록까지 만들어 왔건만

생각지도 못한 완전 뽀송!뽀송한 새 이불! 우레시이~   가진 돈은 달랑 50만원

눈앞에 가득 놓인 물건의 행렬 앞에 어느새 지름신이 강림하셨고, 정신을 차려보니 '어차피 사야할 거 나온 김에 다 사가는 거야!' 자기 합리화를 시키며 두 손 가득 물건을 들고 집으로 향하고 있었다.

그 뒤로도 난 녀석의 위력 앞에 매번 무릎을 꿇어야 했고 말로만 듣던 100엔 샵의 무서움을 몸소 경험할 수 있었다. 일본에 오기 전 어느 블로거의 글 한편이 생각났다. "100엔 샵이 싸다고 얕잡아 보다가는 큰 코 다친다. 가랑비에 옷 젖는 줄 모른다고, 한두 가지 집다보면 어느새 일,이천엔이 훌쩍 넘어버린다. 100엔 샵에 들러서 정말 100엔만 쓰고 나오는 사람은 무진장 독한넘이다. 부디 100엔샵을 조심하기 바란다."

변기만 달랑 설치되 있는 순도 100% 화장실

100% 동감이다. 덜덜덜

신장생은 1인 1실이 제공된다?

기숙사든 외부숙소든 기본적으로 1인 1실이 제공된다. 하지만 일본에서 말하는 1실의 의미는 온전히 방 한 칸만을 의미하는 것이다. 다시 말하면 화장실과 욕실이 포함되지 않을 수도 있다. 그리고 더욱 주의해야할 점은 일본과 한국의 '화장실'의 의미가 다르다. 내 경우 1인 1실에 화장실이 붙어있는 숙소를 제공받았지만 화장실에 달랑 용변기만 놓여 있으리라고는 상상도 하지 못했다. 화장실이라고 하면 볼일도 보고 씻을 수도 있는 장소라고 당연히 생각하는 우리나라 사람에게 씻을 수도 없는 숙소를 그럴듯하게 포장했던 유학원의 태도에 뒤통수를 얻어맞은 기분이었다. 일본에는 아직도 화장실과 욕실이 없는 1인실이 많다. 만약 외부숙소가 제공되는 경우라면 반드시 씻는 방법에 대해서도 꼭 확인해보기 바란다.

일본의 다양한 균일가 샵!

• 100엔샵의 원조 – 다이소(DAISO)

일본에서 최초로 균일가 상설매장을 운영하기 시작한 100엔샵의 원조로서 업계 최대 점포수 3000여개, 취급 물품 9만개를 보유한 100엔샵의 본좌라고 할 수 있다. 한국에서도 이젠 동네마다 하나씩 생길 정도로 우리에게 익숙해져버린 다이소. 고품질, 저가격의 장점을 가장 확실히 이행하고 있다고 보면 되겠다. 매장의 규모에 따

라 취급물품에도 차이가 많이 나기 때문에 보물찾기 하듯 각 매장별로 쇼핑을 다녀도 무척 재미있다.

• 고급스러운 100엔샵 – 세리아(SERIA)

'물건으로 가득 찬 100엔샵은 가라!'를 모토로 다이소에 이어 업계규모 2위를 자랑하며 빠르게 점유율을 높이고 있는 세리아는 이곳이 정말 100엔샵이 맞나? 싶을 정도로 고급스러운 인테리어를 자랑한다. 'color the day' 라는 별칭이 붙은 세리아는 은은한 불빛의 조명과 재즈음악을 사용하며 유모차가 충분히 지나 갈 수 있을

정도의 진열대간의 동선(2m)을 확보하여 보다 쾌적한 쇼핑환경을 제공한다. 상품수를 대폭 줄이고(다이소 9만점, 캔두 3만5천점, 세리아 2만점) 넓은 통로와 동선을 확보함으로서 기존의 100엔샵이 가지고 있는 번잡하고 불편한 이미지를 타파하여 100엔샵의 고급화에 앞장서고 있다.

• 100엔샵의 진화 – 내추럴키친(NATURAL KITCHEN)

이름에도 느껴지듯이 매장인테리어에서부터 내추럴한 감성을 한껏 뽐내는 내추럴 키친은 여성들의 전폭적인 지지를 받으며 탄생한 새로운 개념의 균일가 전문매장이다. 인테리어 제품과 주방용품이 주를 이루는 이곳은 내추럴 키친에서 밖에 볼 수 없는 오리지널의 상

품이 매우 풍부하다는 것과 일반 100엔 샵에서 느껴지는 싸구려 같은 분위기가 전혀 나지 않는다는 점이다. 가격은 제품에 따라 100~300엔 정도로 다양하다. 그리고 내츄럴 키친의 또 하나의 매력은 포장의 귀여움에 있다. 물건 값에 100엔만 추가하면 백화점 선물 못지않게 멋진 선물 포장을 해준다. 아담한 그릇과 귀여운 인테리어 용품을 포장하여 친구의 생일이나 축하 등에 선물하면 좋을 듯 싶다. 세련된 잡화들을 원한다면 바로 지금 go! go!

그 외에도 다이소에서 새롭게 런칭시킨 고품격 100엔샵 내츄럴하우스와 315엔 균일가로 현대적인 감각의 잡화를 선보이고 있는 쓰리코인즈(3 coins) 등이 있다. 각각의 브랜드 별로 독특한 색깔을 가지고 있는 일본 균일가 전문점! 가벼운 주머니로 두둑한 만족을 누릴 수 있는 최고의 쇼핑장소가 아닐까!

01 신문장학제도

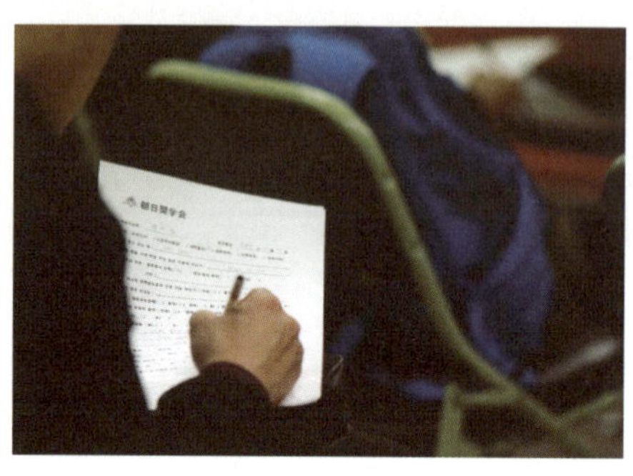

한국에서 신문장학생은 초기자금 없이 일본유학을 시작할 수 있는 자비일본유학의 한 형태로 알려져 있지만, 본래 이 제도는 일본의 3대 신문사(요미우리, 아사히, 마이니치)의 장학재단에서 학생들의 자립을 돕기위해 1940년부터 일본 현지 고졸이상의 학생들을 대상으로 실시했던 지원제도였다. 학비와 숙소를 지원받으면서 급여도 지급되기 때문에 이에 따른 책임감과 성실함이 크게 요구되지만, 일본의 경우 고등학교 졸업 후 자립을 하는 경우가 많기 때문에 학생들에게 인기가 많았다. 특히 도쿄, 오사카 등의 대도시에서 공부를 하고 싶지만, 경제적인 문제로 고심을 하는 지방학생들에게 큰 반향을 불러 일으켰다.

서서히 인지도를 높여가던 신문장학제도는 1970년 후반에 들어서면서 오키나와, 홋카이도, 시코쿠 등 지방을 중심으로 대대적인 설명회를 전개하면서 확실히 자리를 잡기 시작했다. 학생들이 몰리기 시작하면서 인력난은 자연스럽게 해결이 되었고 학생들은 이 지원제도를 통해서 전문학교부터 단기대학, 대학교, 대학원까지 진학하여 학업을 마칠 수 있었다.

신문장학제도가 한국에 처음 소개가 된 것은 1980년대 중반, 일본이 최고의 경제호황기를 구가하던 시점이었다. 일본의 일자리는 경제성장과 함께 폭발적으로 늘어났고 신문으로 학비를 충당하던 청년들은 이제 더 이상 신문을 돌릴 이유를 찾지 못했다. 학생들이 다른 아르바이토를 찾아 신문을 떠났고 인력난은 빠른 속도로 악화되었다. 그 빈자리를 성실함과 근면함으로 인정을 받아오던 한국의 유학생들이 메우기 시작했다. 1990년에 들어서자 일본에서만 이루어지던 한국학생의 채용은 유학원과 대행사들이 본격적으로 모집하면서 한국에서 학생을 선발, 채용하는 현재의 시스템에 이르게 되었다.

02 일본신문장학생?

'장학생' 이라는 용어로 인해 신문장학제도에 대해 오해를 하는 경우가 많은데 '장학생' 은 학비를 무상으로 지원받는다는 의미가 절대 아니다. 목돈으로 부담이 되는 학비를 미리 지원받은 후 배달업무를 하면서 매달 일정액 씩 갚아 나가는 제도이다. 우리나라로 따지면 '학자금대출' 혹은 '학비 카드할부' 정도로 보면된다.

한국에서 모집하는 일본신문장학생은 일본 현지에서 실행되고 있는 신문장학제도를 벤치마킹한 유학프로그램이다. 신문장학제도가 대학 진학을 앞둔 일본학생들을 위한 제도라면, 일본신문장학생은 어학교를 다니기 위한 외국인 전용 제도라고 보면 된다.

기본적인 시스템은 동일하나, 대상과 학교의 종류에 따라서 구분된다.

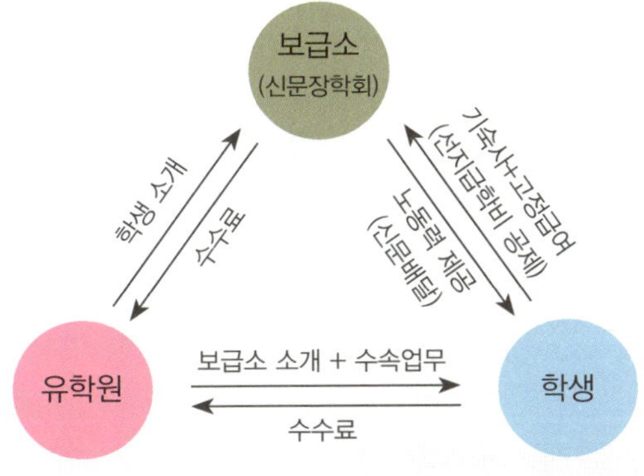

일본신문장학생			
대상	외국 유학생	주관사	각 신문사 보급소
선지급금	어학교 학비	학비부담율	100% 자기부담
모집	유학원(카페, 현지사무소)	급여	고정급+수금수당
비고	일본현지의 신문장학제도를 벤치마킹한 유학프로그램		

● ● 알고 싶어요 ●

03 초간단 하루일과

개별적인 특성을 완전히 배제한 순도 100% 아주 일반적인 신장생의 하루!

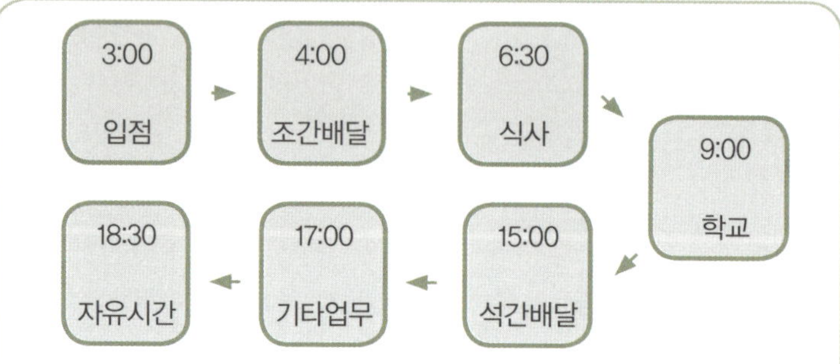

미세의 조건과 개인적인 시간활용에 따라서 조금씩 다르기는 하겠지만. 신문장학생의 일상은 신문과 학교를 기본으로 하기 때문에 주말과 야스미(やすみ : 휴일)를 제외하고는 기본적으로 같은 흐름이 반복된다. 익숙해지면 배달기간은 줄어들고 자유시간은 늘어나게 된다.

∷ 도쿄에서 생활하려면 얼마가 필요할까?

대학, 전문대학교의 1년 평균학비

(평균)	입학금	수업료	기타	총 납입금
어학교	45,000엔	565,000엔	55,000엔	665,000엔
전문대학	202,000엔	636,000엔	205,000엔	1,043,000엔

∷ 대학생 한달 생활비(도쿄의 아파트, 하숙의 경우)　　　대학생협회조사

식사비 25,220엔	교재비 2,570엔	기 타 2,580엔
주거비 55,340엔	어학비 2,030엔	저 금 10,880엔
교통비 3,110엔	광열비 6,750엔	
유흥비 9,450엔	전화비 6,220엔	**합계 124,150엔**

적어도 이 정도의 생활비가 필요하답니다. 알고 계셨나요?

● ● 알고 싶어요 ●

04 신문장학생을 지원하는 경우의 수속흐름(유학원)

신문장학생 관련업체 조회

홈페이지나 카페, 서적 등을 통해 신문장학생에 대한 대략적인 정보를 수집하고 기준에 부합하는 곳을 몇 군데 선별한다.

※ 유학원의 크기와 실적이 모든 것을 보장해주는 것은 아니다.

문의 & 상담

전화나 메일을 통해서도 상담이 이루어지기는 하지만 대부분은 직접 방문을 통해서 개별적인 상담이 이루어진다. 상담내용은 주로 신문장학생에 대한 전체적인 내용과 자신이 희망하는 출국시기와 지역, 학교 등을 해당유학원이 소개할 수 있는 보급소와 맞추어 보는 것이 주가 되는데 유학원에 따라서 조건이 다르기 때문에 최대한 많은 업체와 상담을 한 후 선정하는 것이 좋다. 대부분의 유학원은 정기적으로 설명회를 실시하고 있으니 이곳에 참가하여 유학원 분위기를 살피고 관련 정보를 얻는 것도 유용한 방법이다.

※ 상담 시에는 개의치 말고 궁금한 모든 것을 다 질문하는 것이 좋으며 명확하게 대답하지 못하는 곳이라면 부실 유학원으로 판단! 과감히 포기할 것.

신청 서류 제출 / 수속료 납부

비자는 취학비자이며 발급에 필요한 서류를 준비해서 우편이나 직접방문을 통해 접수하게 된다. 서류접수 시 수속비를 함께 납부한다.

※ 수속비가 싼 대신 급여가 낮다거나 보너스가 적게 책정되는 경우도 있으니 수속비만으로 유학원을 결정하는 것은 좋지 않다. 급여, 보너스, 지원금 등 금전과 관련된 모든 사항을 비교한 후 결정할 것.

서류심사

서류는 유학원에서 번역, 수정하여 국제우편을 통하여 일본으로 발송되어지고 비자결과가 발표되면 일본대사관에서 비자를 신청하여 받는다.

※ 비자신청에서 발급까지 통상 3개월 정도가 소요된다.

∷ 출국 O.T / 계약서 공증

출국 날짜가 정해지면 출국 전 유학원을 통해 유학생활, 신문배달 등 전반에 걸친 오리엔테이션을 하고 신문장학생에 대한 혜택과 조건이 자세하게 기술 된 계약서를 유학원 관계자와 함께 법무사에서 공증 받게 된다.

※ 공증을 받기 전 계약서의 내용에 이상은 없는지 확인 또 확인!

∷ 출국 및 사전작업

유학원에서 마련한 임시숙소에서 1~2일 머물면서(일본운전면허증 전환, 외국인 등록증 신청 등) 생활에 필요한 기본준비를 마친다.

∷ 신문보급소 도착

보급소에 도착하면 숙소를 배정받고 2~3일 후부터 근무를 시작하게 된다. 처음 일정기간동안은 사수(선임자)와 동행하며 약 1주일 정도 견습기간을 갖는다.

❖ 구비서류 안내

취학비자 발급서류와 동일하다.

〈본인 서류〉

- 사진 12매
- 이력서 1부
- 여권 복사본(사진나온 첫 페이지 & 일본출입국 관련 스탬프 찍힌 면)
- 일본 입국경력 있을시 출입국 사실 증명원 1부
- 가족관계 증명서 1부(동사무소)
- 주민등록등본 1부(동사무소)
- 기본 증명서(동사무소)
- 최종학교 졸업 증명서 1부
- 재학(휴학) 증명서(학생일 경우)
- 재직 증명서 1부(직장인일 경우)

〈보증인 서류〉

- 사업자 : 사업자등록증 사본
- 직장인 : 재직 증명서(발급처 : 회사)
- 은행잔고 증명서(4천만원 이상)

〈은행잔고증명서 발급방법〉

- 현재보증인의 통장에 실제로 4천만원 이상 있을시 은행에서 신청, 발급
- 가까운 친인척에 하루 정도 빌려 입금 후 신청, 발급
- 유학원에 대행을 맡기거나 캐피탈 회사를 통해 발급

❖ 신문장학생 자격조건

만 19세~32살 이하(보통의 경우)의 신체건강한 남, 녀라면 누구나 지원가
능하지만 남자의 경우는 대부분 군필자인 경우가 많다.

∷ 모집시기

신문장학생의 모집시기는 일본어 어학교의 입학시기와 같다고 보면 된다. 일본어학교는 2년제이기 때문에 4월 학기에 입학을 하면 졸업을

해당 시기	4월 학기	7월 학기	10월 학기	1월 학기
서류신청 마감일	11월 중순	3월 중순	5월 중순	9월중순
일본비자 발표일	2월 말	5월 말	8월 말	11월 말
출국예정일	3월 중순	6월 중순	9월 중순	12월 중순
어학교 수업 개시일	4월 초	7월 초	10월 초	1월 초

할 수 있지만 꼭 2년을 다녀야 하는 것은 아니다. 그리고 비자신청과 결과 발표에 따른 기간도 필요하기 때문에 거의 모든 유학원이 6개월 전부터 모집을 시작한다.

∷ 신문장학생 혜택

유학원의 신문장학생 평균적인 대우 사항

항 목	내용
학비지원	근무기간 내 어학교 학비 선지급(급여에서 매달 공제)
항 공 료	편도 항공권, 편도 공항버스비 지원
숙 소	1인 1실(기숙사 혹은 외부숙소)
급 여	월8만엔~12만엔(수금여부에 따라 다름)
보 너 스	3만엔 ~ 7만엔
광 열 비	자신이 사용한 만큼 급여에서 공제(기본료는 보조)
교통비	1개월분 정기권 금액 중 3500엔의 초과금을 보조
보 험	산재보험,자동차, 바이크보험(보급소) 국민건강보험, 유학생보험(본인부담)
근로 시간	오전 03:00~6:00 조간 근무 / 오후 15:00~17:30 석간 근무
근로 내용	조간 배달, 석간 배달, 수금(해당자에 한함), 부수업무(전단지 셋팅 등)
계약기간	1년(2년제도 있으나 조건이 다름)

기본 내용은 거의 동일하나 한국에서 모집하는 신문장학생의 혜택은 소개 업체에 따라 조금씩 다를 수 있다.

05 믿을 수 있는 유학원 고르기

신문장학생은 분명히 좋은 제도이다. 하지만 소개를 담당하는 유학원의 선택과 유학원이 소개하는 보급소의 환경에 따라서 그 평가는 극과 극으로 나뉠 수 있다. 그렇기 때문에 무엇보다 믿을 수 있는 유학원을 선택하는 것이 중요하다.

(카페, 중개업체, 사무소 등 신문장학생 소개업무를 담당하는 곳은 모두 유학원으로 통일 표기한다.)

1 기본이 되있는지 확인하라!

한국에서 모집하는 신문장학생은 일본신문장학제도를 참고하여 만든 유학상품이기 때문에 유학원과 보급소의 협의에 따라 조건이 조금씩 다를 수 있다. 하지만 기본적인 시스템 자체는 거의 동일하므로 각 업체별로 비교를 해 보고 공통되는 기본사항이 갖춰져 있는지를 확인하자.

2 보급소에 대한 정보를 최대한 캐내라!

신문장학생의 좋고 나쁨의 평가는 유학원의 선택에도 있지만 엄연히 이야기하면 직접 일을 해야하는 보급소의 차이라고 볼 수 있다. 기본적인 내용은 동일하지만 보급소의 환경에 따라 일의 난이도와 생활여건이 판가름 나기 때문에 자신이 일하게 될 보급소의 정보를 얻는 것이 무엇보다 중요하다. 유학원은 보급소의 환경이 안 좋을수록 정보 제공을 꺼리게 되는데 보급소에 대해서 물어보았을 때 잘 모른다고 답하거나 누구나 할 수 있는 뻔한 대답만을 늘어놓는다면 학생을 보내기에만 급급한 곳일 확률이 높다.

적어도 자신이 일하게 될 보급소의 특징은 무엇인지, 부수는 얼마나 되는지, 기숙사환경은 어떠한지 등에 대한 기본적인 내용은 숙지하고 있어야 한다. 그렇지 않고 보급소에 도착해서 자기가 생각하고 있던 것과 다르다고 아쉬운 소리 해봐야 이미 버스는 지나가 버린 후다. 기억하자, 물어보지 않는 것은 알려주지 않는다.

3　계약서를 꼼꼼히 확인하라!

많은 사람들이 학비전액지원과 기숙사지원이라는 혜택만 생각하고 정작 계약서를 꼼꼼히 살펴보지 않아 억울함을 호소하는 경우가 많다. 예를 들어, 보너스의 경우 광고를 보면 년 2회 받을 수 있다고 착각하기 쉽지만 실제는 1회밖에 받을 수 없다(시작한 기준으로 6개월이 지나야 보너스를 받을 수 있는 자격이 생기기 때문에 신문장학생은 6월, 12월 중 1회만 지급받을 수 있다). 그 밖에 有給休暇(유급휴가), 通学交通費(교통비), 光熱費支援(광열비지원) 유무 등 계약서의 내용을 꼼꼼히 확인하지 않으면 자신이 받을 수 있는 혜택을 놓쳐버리기 쉽다.

※ 용상의 조금 더 친절한 계약서 참조!

4　유학원의 규모와 실적이 모든 것을 보증하는 것은 아니다.

20년의 역사를 자랑하고 가장 많은 신문장학생을 배출했다는 모 유학원의 경우 심하다 싶을 정도로 무책임한 행태를 보이고 있는데, 내 경우 일본에서 외국인 등록증과 운전면허증을 혼자 만들고 샤워실이 없는 숙소에서 1년을 보내고 단기+장기라는 괴상한 프로그램을 만들어 관광비자로 신문배달을 하고 학기가 맞지 않아 독학을 하며 수업을 따라가야 했다. 한 번만 지급되는 것이라 생각했던 수수료는 매달 빠져가나는 구조로 인해 1년 내내 지급해야 했으며 유학원에서 자랑하는 사후 서포트는 단 한 번도 받지 못했다. 가장 규모가 큰 만큼 가장 많은 문제를 안고 있는 곳이기도 하다.

시.시.콜.콜 유학원과의 관계를 끊으면 신장생을 할 수 없다?

사실 유학원은 학생을 보급소에 인도하는 시점부터 그 역할이 끝나버린다. 업무 중 발생하는 문제 역시 신장생과 보급소가 풀어가야 하는 문제이기 때문에 유학원이 개입할 수 없다. 다만, 보급소에서는 유학원으로부터 인력을 소개받는 입장이므로 형식적으로 1년간의 계약관계를 유지하는 것이다. 따라서 아무런 도움도 주지 않는 유학원이 꼴보기 싫더라도 1년간은 유학원이 포함된 계약관계를 유지할 수 밖에 없다. 하지만, 예외도 존재한다.

> 실례〉 A군은 유학원으로부터 B보급소를 소개 받았는데, 막상 일본에 도착해 보니 생각과는 너무도 열악한 환경에 크게 실망을 하였다. 처음 6개월은 어쩔 수 없이 참고 일했지만 학교에서 알게 된 다른 친구들의 이야기를 듣다보니 좀 더 좋은 곳으로 옮기고 싶은 마음이 들었다. 하지만 보급소에서 나오려면 이미 지급된 후반기 학비를 내야했는데 당시 상황으로선 감당할 수 없어 낙담했다. 그런 A군의 고민을 우연히 듣게 된 같은 반의 친구가 자신이 일하는 C보급소의 텐쵸에게 A군의 이야기를 해보겠다고 했다.
>
> 6개월 간 문제없이 신문배달을 해온 A군을 좋게 보았던 텐쵸는 흔쾌히 A군을 받아주었고, A군은 C보급소에서 나머지 6개월을 보낼 수 있었다. 물론 신장생 형태로 일하기로 했기 때문에 학비문제는 깨끗이 해결이 되었다.

위에서 사례는 보기 드문 경우이기는 하지만 실제 주변에서 있었던 일이다. 하지만 전혀 모르는 외국 사람을 바이토가 아닌 신장생으로 받아주는 보급소를 찾는 일은 쉽지 않다. 즉 중도 해약은 가능 하지만 쉽지는 않다고 보면 된다.

■ 계약기간 완료 후에는 개인적으로 신문소와 연장이 가능하다?
(학업을 계속할 경우)

결론부터 이야기하면 가능하다. 유학원은 단지 사람을 소개시켜주는 역할하는 것이므로 계약기간이 종료된 시점부터는 자유롭게 재계약을 맺으면 된다.(아르바이토로 전환도 가능)

다만, 대학진학을 염두에 두고 학비지원을 받아야 한다면 그동안 일해 온 모습들이 중요한 영향을 미친다. 대학을 진학할 경우 지금까지의 가짜 신장생이 아닌 진짜 신문장학생이 되는 것이기 때문에 보급소에서 해당 학생에 대한 신원보증을 서게 된다. 그런데 업무 태도가 불성실하고 쌓아놓은 신뢰가 없다면 과연 90만 엔에 달하는 학비를 선납해주고 신원보증까지서 주려고 할까?

그렇기 때문에 신문장학생으로 대학을 진학한 사람들의 이야기를 들어보면 대부분 1, 2년간 해당 보급소에서 성실히 일하면서 신뢰를 쌓고 정식 신문장학생으로 대

학교를 다니는 경우가 많다. 그리고 꼭 자신이 일했던 보급소가 아니더라도 추천을 통해서 다른 보급소로 이동하는 경우도 많기 때문에 신문장학생으로 대학진학을 생각하는 사람은 성실한 모습으로 보급소와 신뢰를 쌓아가는 것이 무엇보다 중요하다.

06 모르면 안돼! 기본상식

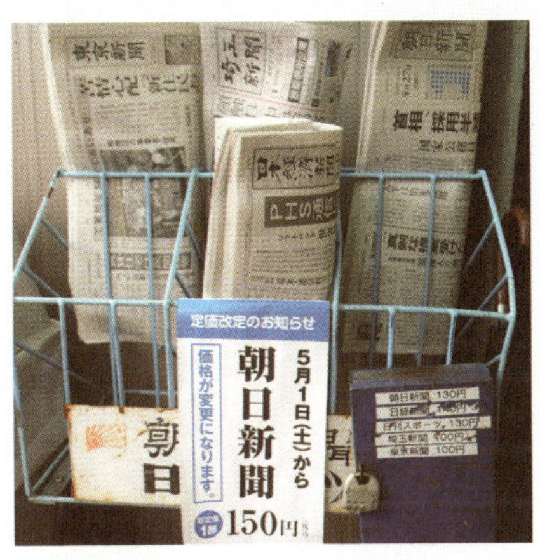

신문장학생에 관심이 생겨 관련 업체들을 찾다보면 '신문장학생은 왜 유학원마다 조건이 다른 걸까?'라는 의문이 생기게 된다. 물론 한국에서 모집하는 신문장학생이 일본신문장학 제도를 참고해 만든 유학 상품이기 때문에 그런 점도 있겠지만 보다 정확한 이해를 위해서는 일본의 신문보급소에 대해서 알아둘 필요가 있다. '배달만 하면 끝 아니야?' 라고 생각할지 모르겠지만, 자신이 몸을 담고 일해야 할 곳이 어떤 곳인지 정도는 알아야 된다고 생각한다.

신문보급소의 형태

일본에서는 신문보급소를 신분한바이텡(新聞販売店 : 신문판매점)이라고 말하며 그 종류에 따라 크게 3가지로 나눌 수 있다.

1. 독립법인 대리점

신문 판매점은 기본적으로 개인 명의의 법인이 신문사로부터 신문과 판매권리를 구입하여 재판매하는 곳을 말한다. 쉽게 이야기하면 본사 직영점이 아닌 대리점 정도로 이해하면 된다. 일본의 대다수 신문판매점은 독립 법인형태로 운영된다.

2. 대리점의 지점

개인이 경영하는 판매점의 규모가 커지면 총판으로서 다수의 지점을 운영하는 것도 가능하다. 만약 '00신문점 00지점' 이라고 적혀있는 곳이 있다면 그곳은 대리점의 지점이라는 뜻이다. 주된 경영은 모체가 되는 본점에서 담당하고 지점에는 텐쵸(店長 : 점장)를 고용하여 관리한다.

3. 신문사 직영 대리점

신문사는 기본적으로 신문판매점을 소유하지는 않지만, 대리점 주인이 부채, 빚 등의 운영 악화를 이유로 달아나 버린다던가 운영에 있어 도움이 필요한 신설 판매점의 경우는 신문사가 일정기간 동안 경영을 맡아 관리하기도 한다. 하지만 판매점의 사업이 어느 정도 안정이 됐다고 판단이 되면 모든 권리는 판매소로 다시 이전된다.

❖ 신문보급소 사람들

• 바이토(バイト : 아르바이트)

바이토는 정직원인 센교(專業 : 전업배달원)와는 다르게 업무의 일정 부분을 전담해서 하는 경우가 많다. 그래서 바이토의 경우에는 하는 업무에 따라서 다양한 부류가 존재한다. 조 · 석간 배달원, 조간 배달원, 석간 배달원, 찌라시 작업자, 수금원 등이다. 모집 시기는 부정확하며 매장에 모집 포스터를 붙이는 경우도 있고 찌라시 광고를 내보내는 경우도 있다. 보통은 아르바이토 정보지에 모집광고를 게재한다. 보급소마다 급여와 조건이 다르기 때문에 정확한 급여와 업무 내용 등은 각 판매소에 문의하는 것이 가장 정확하다. 신문배달은 업무시간대비 급여가 높다는 것과 숙소가 무료지급 된다는 것이 큰 장점이다. 하지만, 한두 달이 지나야 제대로 일을 할 수 있는 업무의 특성상 단기 알바로는 적합하지 않다.

• 센교(專業 : 전업배달원)

찌라시 작업, 배달, 확장, 수금원, 독자 관리 등 신문 판매 업무의 전반을 소화하는 센교는 부류로 따지면 정직원에 해당한다. 모집기간은 부정기적이며 바이토와 유사한 방법으로 사람을 모집하는데, 보급소에 따라서 대우와 조건이 조금씩 다르다.

센교는 정직원이기는 하지만 다른 것을 준비하기 위해 임시로 일하는 경우도 많은데, 신문소를 운영하고 싶다거나, 독립을 생각하는 경우 점장후보생으로 일을 시작하기도 한다.

• 신분쇼각세(新聞奬学生 : 신문장학생)

일본인 신문장학생의 경우 전문대학이상 진학자에 한해서 지원가능하며 각 대리점에서 모집하는 경우도 있고 신문사 장학회가 주선하여 소개하는 경우도 있다. 장학회는 자체적으로 운영하는 사이트나 안내 책자를 통해 학생을 모집·홍보하고 있으며 차후에는 기업과 연계하여 취업지원을 하기도 한다.

한국에서 모집하는 신문장학생은 일본 내 신문장학생을 본뜬 유학상품으로서 일본신문장학생과 바이토(아르바이토)의 중간 형태이다. 대학교를 다니며 신문배달을 하는 유학생은 바이토로 일하거나 점장과 협의를 통해 일본신문장학생으로 전환지원 근무하는 경우가 대부분이다.

● ● 알고 싶어요 ●

07 일본에서 신문장학제도로 대학가자!

이하 내용은 일본에서 대학을 진학하는 경우 적용되는 신문장학제도의 설명이다. 어학교를 다니게 되는 '일본신문장학생' 의 경우는 학자금 대출의 형식으로 월급에서 정확히 선지급된 학비가 공제되지만 대학교를 다니게 되는 '신문장학제도' 는 각 년차와 학년 별로 장학회가 정해놓은 장학금을 받게 된다.(학비가 학교로 선지급됨)

신문장학제도를 이용하는 경우, 고정 급여는 일반 신문아르바이토생 보다 적지만 학비를 직접 내는 것 보다는 약 40~60% 정도 학비부담을 줄일 수 있다.

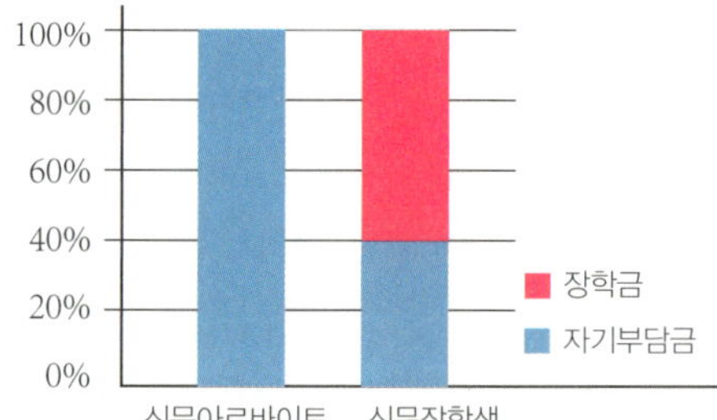

※ 아르바이토 급여 : 약 15만엔 / 수금을 할 경우 약 18만엔
(보급소마다 조금씩 다름)

※ 신문장학생 급여 : 11만 3,100엔 / 수금을 할 경우 14만 9,300엔
(요미우리신문 2010년 4월 설정액)

		1년제	2년제	3년제	4년제
장학금 상한액		100만엔	200만엔	300만엔	400만엔
지급시기	1년차	100만엔	100만엔	100만엔	100만엔
	2년차		100만엔	100만엔	100만엔
	3년차			100만엔	100만엔
	4년차				100만엔

※ 요미우리신문 2011년 장학금 설정액(수금업무를 제외한 경우)

따라서 1년치의 학비가 100만에 보다 적을 경우는 장학금에서 지급처리가 되기 때문에 고정급여에서 추가 학비공제는 없다. 다만 1년치의 학비가 100만엔 보다 많을 경우는 장학금을 초과하는 금액만큼만 추가 납부하면 된다.

∷ 장학금제도를 통해 진학 할 수 있는 학교(도쿄지역의 경우)

- 4년제 대학

  와세다대학(**早稲田大学**) / 호세이대학(**法政大学**) / 릿교대학(**立教大学**)

  메이세이대학(**明生大学**) / 니혼대학(**日本大学**) / 쥬오대학(**中央大学**)

  조치대학(**上智大学**)을 포함한 55여 개 대학

  ※ 체육학부, 이공계열, 예술학부는 적용대상에서 제외

- 전문대학

  · 비즈니스, 어학, 종합계열

  일본전자전문학교(**日本電子專門学校**) / 동경IT회계전문학교(**東京IT会計
  專門学校**) / 일본외국어전문학교(**日本外国語專門学校**) / 일본저널리스
  트전문학교(**日本ジャーナリスト專門学校**)를 포함한 22여 개 전문대학

  ※ 야간부도 적용 가능한 경우가 있음

  · 디지안, 언론, 미디어, 예술계열

  ESP뮤직컬아카데미(**ESP・ミュージカルアカデミー**) / 동영 에니메이션
  연구소(**東映アニメーション研究所**) / 일본게임소프트학원(**日本ゲーム
  ソフト学院**) / 동경비쥬얼아트(**東京ビジュアルアーツ**)를 포함한 29여
  개 전문대학

  · 기타

  동양 카이로브락티크 전문학원(**東洋カイロプラクティック專門学院東
  京校**) / 일본지압전문학교(**日本指圧專門学校**) / 치과기공전문학교(**歯科
  技工專門学校**)를 포함한 3개교

  · 도쿄지역 외 다른 지역도 가능하며 보다 자세한 진학 가능 대학목록은 각
  신문사장학회 홈페이지에서 확인 가능하다.

  요미우리신문 장학회 http://www.yc1.jp/yomisho/index/

  아사히신문 장학회　http://www.a-kumiai.or.jp/

  산케이신문　　　　http://www.esankei.com/scholarship/

  도쿄신문 장학회　　http://www.tokyo-np.co.jp/hanbai/shougaku/

■ 용상의 조금 더 친절한 계약서 ■

길고 긴 준비과정을 마치고 최종적으로 계약서에 서명을 하게 되면 이미 다 알고 있는 내용이라고 생각하고 계약서를 대충보는 경우가 많은데 이는 아주 위험한 행동이다. 신문장학생은 분명 훌륭한 제도지만 처음과는 다른 대우와 조건으로 인해 피해를 입는 경우도 있기 때문에 돌다리도 두드리며 건너라는 말처럼 계약내용 조항 하나하나를 되짚어 가면서 확인해 보는 것이 좋다.

신문장학생 계약서란? 1년간 내가 받을 혜택과 의무, 권리 등을 명시해놓은 법적 효력을 발휘하는 공식문서이다. 유학원마다 사용하는 계약서가 조금씩 다르기는 하지만 가장 일반적으로 쓰이는 계약서를 내용을 기반으로 사족을 조금 붙여보았다.

■요미우리신문의 계약서 경우■

1. 新聞サービスセンター(以下YC)の業務 신문서비스센터(이하YC)의 업무

朝刊、夕刊を正確に配達し,1ヶ月ごとに購読料を頂きます。

조간, 석간을 정확하게 배달하여 1개월마다 구독료를 받습니다.

⋯ 일본의 요미우리, 마이니치, 아사히 등의 종합지는 조간, 석간 한 세트를 기본으로 한다.

この購読料の一部が新聞販売店に勤務する奨学生の学費に充てられることになります。

이 구독료의 일부가 신문판매점(보급소)에 근무하는 장학생의 학비에 해당하게 됩니다.

⋯ 구독료의 일부가 장학금 명목으로 학비로 선지급 된다.

(공짜가 아닌 자신의 월급에서 갚아 나가야 하기 때문에 학자금 제도와 유사하다)

つまり、新聞奨学生は新聞を購読しているお客様に学費、給与を頂いていることになります。YCはその取りまとめをしている所でもあります。

즉, 신문장학생은 신문을 구독하고 있는 고객에게 학비, 급여를 받고 있는 것입니다. YC는 그것을 총괄하는 곳이기도 합니다.

⋯ YC는 보급소를 뜻하며 일반적으로 미세라고 부른다.

● **YCでの基本業務** YC에서의 기본업무

当YCの他に多くの競争する新聞社があり、下記の約束事が守られなければ読者が減りYCは存続できなくなります。

당 YC 이외에 많은 경쟁신문사가 있어, 아래의 약속사항이 지켜지지 않으면 독자가 줄어 YC의 존속이 불가능하게 됩니다.

··→ 엄연한 서비스업임을 인지하자.

① 早く丁寧に配達する。(センターが指示した時間に終了する事)

빠르게, 정중하게 배달할 것.(센터가 지시한 시간에 종료할 것)

··→ 보통 6시면 충분히 배달 완료가능한 시간이니 겁먹을 것 없다.

② 不着配達をしない。(した場合には理由を問わず、すぐ手渡して届ける事。)

불착–배달누락이 없을 것.(불착이 있을 경우에는 이유를 불문하고, 즉시 배달할 것)

··→ 불착이 나면 손님께 직접 신문을 전하고 쓰레기봉투, 스포츠신문 등의 서비스용품을 챙겨 주자.

③ 休日の日程は、原則的に個人的な理由による変更は認めない。

원칙적으로 휴일일정을 개인적 이유로 변경하는 것은 불가.

··→ 원칙은 원칙일 뿐이다. 사정이 있으면 당당하게 말하고 협조를 구하자. 안 되도 본전이다.(변경 시 휴일이 겹치면 해당 시간대의 당사자에게 미리 양해를 구하자)

④ 配達前後、必ずセンターで連絡事項を確認する。

배달전후에는 반드시 센타에서 연락사항을 확인할 것.

··→ 변경사항은 수시로 발생하므로 반드시 확인을 해야한다.

⑤ 破れたり、濡れた新聞は配達しない。

훼손되거나 젖은 신문은 배달하지 말 것.

··→ 신문은 쉽게 마르기 때문에 약간의 물기는 크게 지장이 없지만 확연히 젖거나, 찢어진 경우라면 투입 금물이다.

⑥ 紙受け作業に協力する。

신문수령작업에 협력할 것.

··→ 새벽에 신문을 받는 것을 뜻하는 것으로 의무는 아니기 때문에 미세의 분위기를 맞게 적절히 행동하면 된다. 의무사항은 아니다.

⑦ 自分の使用している自転車、バイクの管理は自分でする。

자신이 사용한 자전거, 오토바이는 자신이 관리할 것.

··→ 문제가 생기면 고생하는 사람은 바로 자신이다. 조금이라도 문제가 있으면 바로 수리, 점검

을 맡기도록 하자. 운전자 과실로 문제가 발행한 경우를 제외하고는 비용은 전액 미세부담
이다. 교통사고의 경우 산재보험이 적용되므로 걱정할 필요 없다.

⑧ 理由のいかんにかかわらず自分の区域は全て配り終えること。

소요시간을 막론하고 자신의 구역은 전부 배달을 끝낼 것.

⋯▸ 당연한 말씀!

⑨ 店、配達区域、月により配達する部数が異なります。但し、それに伴う給与の変
更はありません。

판매점, 배달구역, 매월에 따라 배달부수가 다름. 단, 그에 따른 급여변동은 없음.

⋯▸ 쉽다고 돈을 덜 받거나, 부수가 많다고 돈을 더 받지는 않는다. 다만 수금의 경우는 배달부
수와 수금액이 정비례한다.

● 配達に付随する業務 배달에 수반되는 업무

① 翌日入れの折込のセットは夕刊終了後とし、入れ濡れのないように奇麗に確実に
セットする。

다음날에 들어갈 광고지 준비는 석간종료 후로 하고, 불착이 없도록 깨끗하고 정확하
게 준비한다.

⋯▸ 광고지 역시 구독료에 포함되어 있음을 기억하고 담당 구역에 맞게 준비한다. 손님에 따라
광고지를 빼달라거나 빠졌다고 전화를 거는 경우도 있다. 손님의 개별 요구에 정확히 대응
해야 한다.

② 順路帳は指定された日までに書く。

쥰로쵸^{順路帳} 배달수첩는 지정된 날까지 기입할 것.

⋯▸ 한 달에 한번 고객명단이 갱신이 되는데 그때 새로 기입하면 된다. 쥰로쵸가 지저분하면 대
배원(대리 배달원)들이 싫어하기 때문에 가급적이면 보기좋게 정리하도록 하자. 쥰로쵸는 자
신 혼자만을 위한 것이 아니다.

③ 入り止めはそのつどすぐに記入し、誰が見ても分かるように(建物の名称、部屋
番号)書き、休日の前日に必ず順路帳を点検し、代配者と確認し合うこと。

구독자의 가입/탈퇴가 있을 때마다 즉시 기입하여 누가 보더라도 알 수 있도록(건물
명칭, 방번호)쓰고, 휴일 전날에는 반드시 쥰로쵸을 점검하여, 배달조원과 서로 확인

할 것.

→ 변경사항은 즉시 보급소에 전달하고, 휴일 전날에는 대배원(대리 배달원)에게 주의사항을 꼭
　전달하도록 하자. 인수인계 철저!

④ 順路帳は新聞購読者の名前と住所が書いてある大切な帳簿なので無くさない事。
　紛失した場合は罰則がある。

준로쵸는 신문구독자의 이름과 주소가 쓰여 있는 중요한 장부이므로 분실하지 말 것.
분실할 경우에는 벌칙이 있음.

→ 준로쵸를 잃어버리면 처음부터 다시 만들어야 하기 때문에 일이 복잡해진다. 반드시 잘 관
　리 하도록 하자.

⑤ YCでの配達時に読売新聞社が行うポスティング(宣伝物、配布物、自動振込関係)
　は所長の指示に従い配布する。

YC에서 배달시, 요미우리신문사에서 하고 있는 포스팅 작업(선전물, 배부물, 자동송
금관계)은 신문사의 지시가 있을 경우, 그에 따른다.

→ 찌라시가 추가되든지, 호외 배송물을 추가해야 할 경우, 미세(보급소)의 지시에 따르면 된다.

2. 留学生の待遇（配達及び付随業務の場合） 유학생 대우(배달 및 부수업무의 경우)

A. 給料 : 1ヶ月 85000円(奨学金を除く)

급료 : 1개월 85000엔(배달 및 부수업무의 경우)

但し、光熱費、所得税は下記のように給料より徴収する

단, 광열비, 소득세는 다음과 같이 급료에서 징수함.

• 光熱費 광열비

1ヶ月 : 5000円　1개월 : 5000엔

→ 미세마다 조금씩 다르며 미세 기숙사에서 생활할 경우에는 매월 일정금액이 차감 되지만 외
　부에서 생활 할 경우에는 자신이 사용한 만큼 지급하면 된다.(미세에 따라 일정 금액을 보
　조를 해주는 곳도 있다.)

• 所得税 소득세

1ヶ月ごとに日本の法律に則り徴収する。

1개월마다 일본의 법률에 따라 징수한다.

⋯➤ 우리도 일본 경제의 한 축이다. 자부심을 갖자.

B. 休日 휴일

休日は1ヶ月に4回を原則とする。

휴일은 한 달에 4번 쉬는 것을 원칙으로 할 것.

⋯➤ 보급소에 따라 휴일을 반납하면 급여로 보상해주기도 한다. 1일 4000엔.

連休を取得する場合は入店後6ヶ月経過した学生のみ可とする。

연휴는 근무 시작 후 6개월이 경과한 학생만을 대상으로 한다.

⋯➤ 원칙에 목매지 말자.

連休の上限は4日間とし、それ以上の日数は認めない。

연속휴가의 상한은 4일로, 그 이상의 일수는 인정하지 않는다.

⋯➤ 인정하는 곳 많다. 자기가 이야기하기 나름이다. 그러나, 남용금지.

原則として週休の連続により取得させる。

원칙으로서 주휴를 포함한다. ⋯➤ 빨간날은 석간을 휴무한다.

お正月休みの申し出は却下する。

설연휴의 휴가 신청은 불가능하다. ⋯➤ 바쁠 때는 눈치껏 휴일 사용하자.

C. ボーナス制度(賞与) 보너스제도(상여)

金額は日本人奨学生Bコースと同額にする。

금액은 일본인장학생 B코스와 같은 금액으로 한다.

入店より6ヶ月以上たって最初におとずれた賞与月に支給する。(但し、1年間勤務するのを条件とする)

입점 후 6개월 지난 첫 상여월에 지급한다.(단, 1년간 근무하는 것을 조건으로 함)

1月生は7月支給(1월생은 7월지급)　　　4月生は12月支給(4월생은 12월지급)

7月生は12月支給(7월생은 12월지급)　　10月生は7月支給(10월생은 7월지급)

상여월은 입사 후 6개월이 지난 사람에 한해 7월, 12월 지급한다.

⋯➤ 즉, 1년을 기준으로 한 신문장학생은 1회밖에 받을 수 없다. 년 1회.

2年目以後継続する学生については、年2回の支給とする。

2년째 계속하는 학생에 관해서는, 년 2회의 지급으로 한다. ⋯➤ 당연한 말씀

ボーナスをもらった後、1ヶ月以内に店をやめる場合はボーナスは店に返却しなけれٕばならない。

보너스를 받은 후, 1개월 이내에 그만 두는 경우에는 보너스를 다시 반환할 것.

⋯▸ 1년 미만인 경우 적용되는 원칙이다.

D. 通学交通費 통학교통비

通学定期代のうち月額3500まで本人負担とし、これを超える場合は差額を支給する。

통학교통비 중, 월액 3500엔까지 본인부담으로 하고 이를 초과할 경우 차액을 지급한다.

⋯▸ 정기권을 구입하고 영수증을 납부하면 차액만큼을 돌려받을 수 있다.

定期券は学校に通う時だけ支給する。(学校の休みの時には支給できない)

정기권은 학교에 다닐 때만 지급(방학의 경우, 지급불가)

⋯▸ 어학교의 방학까지 신경쓰는 미세는 거의 없다.

E. 宿舎 숙소

個室を用意する。(一部2名一部屋)

개인실 제공(일부의 경우, 2인 1실)

⋯▸ 1인 1실은 1명에 방 1칸이 제공 된다는 소리이다. 화장실 및 샤워실의 공동 사용여부 및 유무는 별도로 확인하도록 하자.

F. 健康診断 건강진단

センターで年2回実施している健康診断を受けることが出来る。

센타에서 연간 2회 실시되는 건강진단을 받을 수 있다.

⋯▸ 직원 전체를 대상으로 실시하는 정기 직원건강검사이다. X레이 한방 찍는다.

G. 進級祝い金、卒業祝い金 진급축하금, 졸업축하금

一年経過ごとに進級祝い金または卒業祝い金を支給する。(12万円)

1년 경과시마다 진급축하금 혹은 졸업축하금을 지급한다. (12만엔)

⋯▸ 1년차 이후에 해당되는 내용이다. 역시나 업체마다 다르다.

3. 学校及び生活について 학교 및 생활에 관해

① 健康に気をつけて学校を休まない。

건강에 유의하여 학교에 결석하지 말 것.

···› 조간 후 마의 시간대만 잘 넘기면 결석은 남의 이야기가 될 수 있다. 학교는 결석해도 신문은 빼먹지 않는 의지의 신장생. 결코 바람직한 모습이 아니다.

② 職場では出来るだけ日本語で話す。

직장에서는 가능한 한 일본어로 말할 것.

···› 못하는 일본어라도 자주 말을 걸고 입을 열어보자. 그리고 한국직원끼리 너무 큰 목소리로 이야기 하는 것은 위화감을 조성할 우려가 있다. 인사만이라도 큰소리로!

③ 部屋は奇麗に使い、まわりの人に迷惑をかけない。

방은 깨끗하게 쓰고, 주변사람에게 폐를 끼치지 말 것.

···› 기숙사의 경우는 크게 문제가 안 되지만 독채의 경우에는 방을 깨끗하게 사용하는 것이 중요하다. 그렇지 않으면 퇴실할 때 수리비용으로 출혈을 감수해야 하는 경우가 생긴다.

④ テレビ、ステレオの音量、話し声に注意する。

티비/스테레오의 음량, 말소리에 주의할 것.

···› 일본 집들은 방음이 잘 되지 않기 때문에 소음이 문제가 되는 경우가 종종 있다. 옆방 할아버지의 기침 소리까지 들린다.

⑤ 部屋に他人を入れる場合は責任者の許可を得る。

방에 타인을 들이는 경우는 책임자의 허가를 얻을 것.

···› 잠시 놀러오거나 단기로 머무를 경우는 크게 문제가 되지 않지만 4~5일을 넘어가는 경우에는 책임자나 관리자에게 사전 언급을 해 놓은 것이 좋다.

⑥ 外出する時は窓を閉め、電気製品、ストーブ等は必ず消して行く。

외출할 때는 창문을 닫고, 전기제품/스토브등은 반드시 끌 것. 당연한 말씀

⑦ 他のアルバイトは厳禁(違反した場合は契約資格を失う)

아르바이토금지(위반시에는 계약자격상실)

···› 신문배달에 지장을 주지 않는다면 크게 문제가 될 것은 없다. 다만 아르바이토를 할 시간도 체력도 부족할 뿐이다.

⑧ ゴミを出す時は、ゴミ出し日と内容物の分別に気をつけること。

쓰레기를 내 놓을 때는 쓰레기의 반출일과 내용물의 구별에 주의할 것.

···› 분리수거를 확실히 하지 않으면 동네 주민과 마찰이 일어날 수 있다. 지역마다 수거일자가 조금씩 다르니 사전에 확인하도록 하자.

⑨ センター内で長電話をしない。

센타에서 장시간전화 금지

⋯▶ 핸드폰 요금이 아까워서 센터 전화를 쓰는 사람이 간혹 있는데, 제발 자제하도록 하자.

⑩ センターの備品を勝手に持ち出さない。

센타비품을 함부로 쓰지 말 것.

⋯▶ 휴지, 세제, 수건 등은 시간이 지나면 자연스럽게 갖다 쓰게 된다.

⑪ 日本の全ての法律を厳守すること。

일본전체의 법률을 준수할 것.

4. 解雇及び罰則 해고 및 벌칙

朝刊新聞の配達時、お酒が覚めない状態で配達する等、また摘発を受けた時には、即刻解雇する。

조간신문 배달시에 음주 상태가 적발될 경우에는 즉시 해고.

※ 遅刻 : 各販売所が定めた規則に従い、遅刻の時には罰則が伴うので絶対に遅刻しないこと。

※ 지각 : 각 판매소에서 정한 규칙에 따라 지각 시에는 벌칙이 동반되므로 절대 지각하지 말 것. ⋯▶ 지각은 습관이다. 무조건 멀리하자.

※ タイムカードは出勤及び退勤の時、必ず押さなければならない。

※ 타임카드는 출근 및 퇴근시에 반드시 찍을 것. ⋯▶ 타임카드를 사용하지 않는 곳도 있다.

出退勤カードを押さなかった場合、1回を1度遅刻とする。

출퇴근카드를 찍지 않았을 경우는 매번 지각으로 체크.

⋯▶ 출근을 하고도 카드를 늦게 찍는다면 억울하지만 지각으로 오인 받을 수도 있다.

遅刻を3回以上重ねると無断欠勤扱いとなり解雇される場合がある。

지각을 3번했을 경우는 무단결석으로 취급, 해고되는 경우가 있음.

⋯▶ 미세에 따라서 규정이 다르므로 사전에 파악해 놓도록 하자.

5. 配達事故及び新聞不着 배달사고 및 신문불착

お客様から「新聞が届いていない」という連絡があった場合を「不着」と言う。

손님으로부터 「신문이 배달되지 않았다」 라는 연락이 있을 경우를 「불착」이라함.
⋯→ 신문이 배달되지 않은 '불착'과 잘 못 배달된 '오착'을 통틀어 일반적으로 '불착'이라 부른다.
   신장생이 끝날 때까지 따라다닌다.

絶対に「不着」をしないこと。YCから「不着」の連絡があった場合は直ちに届けてお客様にお詫びをする事。

절대로 불착을 발생시켜서는 안 될 것. YC에서 「불착」의 연락이 있을 경우는 즉시 배달하여 손님께 사과를 드릴 것.
⋯→ 불착이 난 경우는 손님께 직접 신문을 배달하는 것이 기본이다. 손에서 손으로~

自身の失策で読者の新聞契約が破棄された場合、それに相応する罰則がある。

자신의 실책으로 독자의 신문계약이 파기되었을 경우, 그에 상응하는 벌칙이 있음.
⋯→ 괜히 겁먹을 것 없다. 열심히 배달만 잘하면 된다.

6. 引き受けと引継ぎ時期 업무인수

できるだけ早い時期に引き受け、引き続きを行うこと。(1週間を目安とする)

가능한 빠른 시간 내에 인수할 것.(1주일을 기준으로 함)
⋯→ 1주일 정도면 인수인계 자체는 마무리 된다.

7. 総則 총칙

日本留学中、学と業の両立と日常をより良く過ごすために上記事項を守り、上司の忠告は真面目に受け止め、同僚とは仕事や生活面において相互信頼の上に立って協調性を大切にし、勤労奨学生として自覚と責任感をもって協力行動すること。

일본유학 중, 학업과 업무의 양립과 더 좋은 일상을 위하여 상기사항을 지키고, 상사의 충고는 진지하게 받아들이고 동료와는 일과 생활면에 있어 상호신뢰를 기반으로 협조성을 중요하게 여기고 근로장학생으로서 자각과 책임감을 가지고 협력행동을 할 것.
⋯→ 네! 명심하겠습니다.

上記事項が再三にわたる注意にかかわらず守られないときは奨学生制度の適用を除外し、新聞販売所から解雇する。

상기사항의 주의에도 불구하고 규칙이 지켜지지 않을 경우에는 장학생제도의 적용을 제외시켜 신문판매소에서 해고함.

学生本人がやむを得ないことで新聞販売所を辞める場合1ヶ月前に東京ワールド外
語学院とYCに口頭ないし書面で通知する。

학생본인이 불가피한 사정으로 신문판매소를 그만 둘 경우는 1개월 전에 재학중인 어
학교와 원과 YC에 구두가 아닌 서면으로 통지한다.

┅→ 미세 입장에서는 대신할 사람을 구하고 퇴사 절차를 밟아야 하는데 시간이 걸리기 때문에
　　굳이 서면이 아니더라도 적어도 1개월 전에는 알려주는 것이 좋다. 아무리 급하더라도 남의
　　밥줄까지 방해하지는 말자.

但し、後任が紹介されるまでは勤務しなければならない。

단, 후임이 소개될 때까지는 근무해야 할 것.

┅→ 후임이 없으면 계속해야한다? 말도 안 되는 소리!

紹介された後任者との引継ぎ期間は最長2週間とし引継ぎの期間の給料は60％と
する。

소개받은 후임자의 업무인수는 최장 2주로 하며 인수기간의 급료는 60%로 한다.

┅→ 신문장학생의 업무인수인계를 신장생이 직접 하는 경우는 거의 없다. 대부분 경력이 많은
　　일본인 직원이 담당한다.

また、入学時の一時金に関しての清算を退店までに行わなければならない。

그리고 퇴점하기 전까지 입학시의 일시금의 정산을 끝낼 것.

┅→ 선지급된 어학교의 학비를 반납해야 한다.

相互確認の上、サインをして一通ずつ保管所持する。

상호확인을 한 후, 사인을 하고 1통씩 보관할 것.

┅→ 아무리 유명한 유학원이라 하더라도 언제 어디서 어떤 문제가 발생할 지는 아무도 모른다.

다시 한번 말하지만 유학원마다 사용하는 계약서의 내용이 조금씩 다를 수 있다.

내용을 꼼꼼히 살펴보고 의심이 가는 부분은 명확히 알아보는 것이 순탄한 신문
장학생의 첫걸음이다.

신문팔이 소년

말하지 않기

듣지 않기

보지 않기

간단하지만, 간단하지 않은 것들...

● 오늘부터 여기는 내가 접수한다!

나와바리

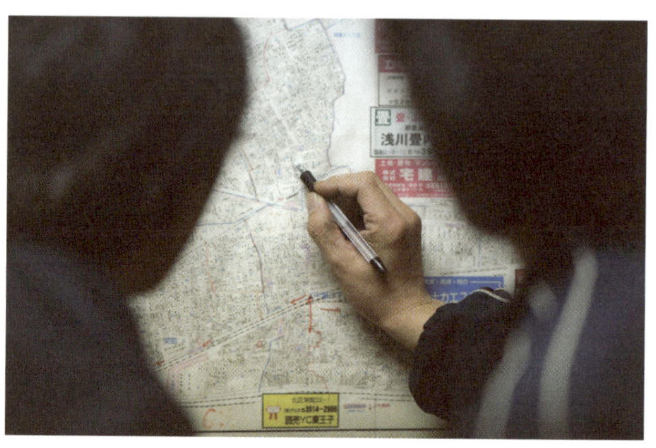

　　정식 출근은 월요일부터라는 말은 들었지만 분위기도 살피고 사람들 얼굴도 익힐 겸 미리 미세를 방문했다. 때마침 석간 배달시간이라서 신문을 준비해서 나가는 모습을 볼 수 있었는데 수염이 덥수룩하게 난 일본 아저씨가 날 보고 손가락 1개를 펴보였다.

　　"오마에, 잇큐다요. 잇큐!" (おまえ、一区だよ。一区! 너 임마, 1구역이야. 1구역!)

　　'히라가나'도 모르던 나로서는 그저 웃음으로 답할 수밖에 없었다. 그 모습이 답답했던지 아저씨는 온갖 손짓, 발짓을 써가며 나에게 꼭 뜻을 전달하고 싶어했다. 나름 바디랭기쥐에 통달한 나는 아저씨의 행동과 손가락으로 가리키는 지도를 종합하여 한 단어를 유추해냈다. "나와바리!" 일본어를 공부하며 알게 된 사실이지만 나와바리란 말은 야쿠자들이 자신의 영역을 말할 때 사용하는 은어이고 정확하게는 탄토치에끼担当地役 : 담당구역라고 한다.

　　처음엔 같은 직원인줄 알았던 이 아저씨는 오늘까지만 도와주기로 한 린빠이臨配

: 임시배달원였다. 린빠이란 인재파견회사나 확장단보급소의 확장업무를 대행하는 회사으로부터 파견된 임시배달원으로 린빠이의 급여는 일반 배달원보다 높기 때문에 점장 입장에서는 갑자기 공석이 생기거나 비상시가 아니면 사용하기 부담스러워한다. 신문배달은 개인별로 자신의 담당구역을 맡아서 관리해나가는 철저한 구역할당제이다. 일본은 배달구역을 1구, 2구 등의 식으로 나누어 관리하는데 우리나라의 '동' 개념 정도로 생각하면 된다.

우리 미세는 7구까지 있었고, 난 유일하게 맨션단지가 있는 1구를 맡게 되었다. 주택단지만 돌리는 것 보다는 아무래도 맨션이 수월하다고 생각했기에 좋은 징조라고 생각했다. 원래 1 구는 미세에서 나이가 가장 많은 사수 할배^{에바라상}가 담당했던 곳이지만 계단이 많고 엘리베이터가 없는 건물도 있어서 주택단지로 바꾸게 됐다. 난 그것도 모르고 그저 좋아라했다.

※ 한국과 일본의 맨션, 아파트는 반대 개념이다(한국 아파트=일본 맨션).

구역배분은 전적으로 텐쵸^{店長 : 점장}의 권한이지만 상황에 따라서 간혹 변경되기도 한다. 각 구역은 지역과 특성에 따라 부수와 배달범위가 다른데 경력과 노하우에 맞게 구역이 지정되므로 어떤 구역을 할당 받더라도 자신이 가장 불리하다고 생각할 필요는 없다. 가장 힘들고 복잡한 구역을 신입에게 맡길 텐쵸는 아무도 없다.

담당구역의 범위는 미세의 사업역량과 지역에 따라 결정되는데 예를 들어, 신주쿠^{新宿}지역 같은 도심지역은 구역범위는 좁지만 부수가 많고, 아까바네^{赤羽} 같은 지

역은 범위는 넓지만 부수는 상대적으로 적다. 그 외에도 지역과 미세의 규모에 따라 주거, 업무환경은 달라질 수 있다.

배달지역은 크게 주택단지와 맨션단지한국의 아파트 단지로 나눌 수 있는데 주택단지의 경우는 구역이 복잡하고 바이크를 다루는 기술이 많이 필요하다. 일본은 한국과 다르게 신문을 던지지 않고 신분포스토新聞ポスト : 신문함에 넣기 때문에 바이크를 멈추고 세우는 일이 더욱 빈번하게 이루어진다. 따라서 주택단지에서의 배달 속도는 바이크의 능숙도 여부에 의해 차이가 나는데 바이크와 몸이 하나가 되는 순간 맨션단지와는 다르게 대폭적으로 시간을 단축 할 수 있다.

그에 반해 맨션의 경우 밀집주거 형태이기 때문에 구역 익히기와 배달 면에서 주택단지 보다는 훨씬 수월하다. 신문을 들쳐 업고 위에서부터 내려오며 차례로 신문을 돌려나가기만 하면 된다. 하지만 맨션구역에도 어려움은 존재한다.

첫 번째, 엘리베이터가 없는 5층 이하의 맨션. 내가 맡은 1구에는 총 8개 동으로 이루어진 맨션 단지가 있었다. 부수는 많지 않지만 신문을 들고 계단을 오르내리는 일은 보통이 아니었다. 그중에 5층에 딱 1부만 배달되는 집이 있었는데 정말이지 어

떻게 해서든 다른 신문을 보라고 얘기해주고 싶었다. 2달을 그렇게 계단을 오르내리다 보니 무릎이 시큰거리기 시작했고 그때서야 왜 사수 할배가 쉽다고 생각한 1구를 포기했는지 알게 되었다.

　두 번째, 걸어야 산다. 모두가 잠들어있는 새벽시간에 시간을 단축하려고 뛰어다니면 발소리가 시끄럽다는 이유로 미세로 전화가 걸려온다. 뛰고 싶어도 조용히 걸어야하는 심정 안타깝기 그지없다. 그래서 배달이 몸에 익어도 생각보다 시간은 줄어들지 않는다. 하지만 비가 오는 날이면 빗속을 가르며 배달을 하지 않아도 된다는 사실에 무척이나 감사해지는 곳이기도 하다.

이해를 돕기위한 등장인물, 용어소개

• 등장인물 소개

사토 텐쵸(佐藤店長) : 요미우리신문 히가시오지점(東王子店)을 관리하는 점장

에바라 상 : 최고령자로 명문대학을 나온 나름의 엘리트(?), 음담패설을 좋아함

키다 상 : 긴머리를 휘날리며 미세에서 유일하게 자전거로 신문배달을 하는 장발족

오우다 : 말은 별로 없지만 몸장난을 유난히 좋아하는 오사카 시골청년

시미즈 : 벤또(도시락)에 목숨거는 배달경력 3년차의 통통남

규진(5구) : 요리학교를 다니며 최고의 쉐프를 꿈꾸는 동생

2구 형님 : 영화배우 박상면을 닮은 터프남. 텐쵸를 상대하는 비법을 전수받음

친구들 : 타케시 상, 마유미 상, 건화

• 피가 되고 살이 되는 신문관련 용어

미세(店 : 가게) 신문판매소, 보급소

텐쵸(店長 : 점장)

신분하이타츠(新聞配達 : 신문배달)

바이크(バイク : 오토바이)

코방(交番 : 경찰서)

야스미(休み : 휴일)

슈우킹(集金 : 수금)

찌라시(チラシ : 전단지)

갑빠(がっぱ : 우의)

카쿠자이(拡財 : 서비스 용품)
계약, 수금에 사용되는 타올, 세제 등

카ー도(カード : 계약서)

고미부크로(ゴミ袋 : 쓰레기 봉투)

카미부크로(紙袋 : 종이봉투)

베쯔즈리(別刷り : 별책부록)

삿시(冊子 : 소책자)

싸비스켄(サービス券 : 서비스 티켓) 사은품

B켄(びーけん : 맥주교환 티켓)

S(えす : 무료서비스)

다이하이(代配 : 대배) 야스미, 무단결근 등으로 인해 배달원 대신 신문을 돌리는 일.

카미우케(紙受け : 신문을 배송하는 차로부터 수취하는 일)

카미와케(紙分け : 신문을 각 구역별로 나누는 일)

카라마와리(空回り : 돌아보기) 쥰로쵸를 가지고 구역을 돌아보며 길의 순서를 확인하는 작업.

오리코미 찌라시(折込チラシ : 신문에 넣게 되는 광고지)

오리코미(折り込み : 석간 삽지작업) 찌라시 여러장을 한 묶음으로 만드는 작업

쿠미코미(組み込み : 조간 삽지작업) 광고 찌라시 등을 신문이나 중간지에 넣는 일

오리코미기(折込 込み 機) 여러 장의 찌라시를 하나로 모아 주는 기계

아테가미(当て紙) 신문을 포장할 때에 파손방지로 밑에 까는 종이

아메누레(雨濡れ) 배달 된 신문이 비에 젖어서 읽을 수 없게 된 것

카쿠센(拡専) 확장을 전문으로 하는 보급소의 직원

카쿠쵸~단(拡張団 : 보급소의 확장업무를 대행하는 회사)

린빠이(臨配 : 인재파견회사나 확장단으로부터 파견되어진 임시배달원)

켓빠이(欠配 : 배달업무의 무단결근)

겐캉포스토(玄関ポスト : 현관우편함) 현관의 문 이외의 부분에 붙어있는 우편함

카베포스토(壁ポスト : 벽우편함) 블록담이나, 현관 이외의 건물벽에 묻혀있는 우편함

도아포스토(ドアポスト : 문 우편함) 맨션이나 아파트 등의 문에 부착 되어있는 우편함

잔시(残紙 : 배달하지 않고 남은 신문)

쥰로쵸(順路長 : 순로장) 신문 배달순으로 독자명, 신문명, 계약기간을 써 놓은 수첩

쥰로 토리(順路取り : 동선확인) 배달하는 집을 쥰로쵸를 보며 실제로 확인해가는 작업

요미아와세(読み合わせ) 자신이 배달하고 있는 독자가 보급소 기록과 맞는 지를 확인 하는 일

쇼우켄(証券 : 영수증)

신칸(新観 : 신간) 신규로 획득한 독자 또는 그 달부터 신문을 구독하기 시작한 모든 독자의 통칭

츄우케이(中継 : 중계) 오토바이나 자전거 등에 다 싣지 못한 신문을 배달시간 단축을 위해 배달할 곳의 중간지점에 미리 옮겨 놓는 일

후챠쿠(不着 : 불착) 신문이 안들어간 경우(신문이 잘 못 들어간 오착 역시 불착으로 처리한다)

토리오키(取り置き : 손님의 부재기간중 신문을 보관해 두는 일) 지정일에 모아서 배달을 한다.

이치지도메(一時止め : 일시정지) 독자가 부재중이거나, 개인 사정으로 인해 일시적으로 배달을 멈추는 일

야쿠키레(約切れ : 계약종료)

첫 출근

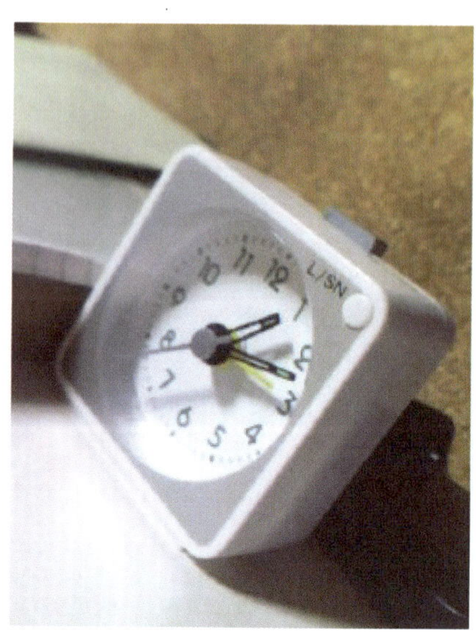

'5...4...,3...2...1'

"뚜 띠띠띠띠! 벨렐렐렐레!"

시끄러운 불협화음에 눈이 번쩍 뜨였다. 1분 간격으로 지정해놓은 핸드폰과 구멍가게에서 100엔을 주고 산 알람시계의 절묘한(?) 조화가 생각보다 귀에 거슬렸다. 성공! 상쾌한 벨소리로 아침을 맞이할까도 생각했지만 역시나 잠을 깨는데는 시끄러운 게 최고다. 앞으로 1년간 알람소리는 요놈들로 고정!!!

신문배달을 하기로 결정하면서 가장 걱정이 됐던 점은 '내가 과연 새벽에 잘 일어날 수 있을까?' 하는 것이었다. 배달이야 다이어트 한다고 생각하고 발바닥에 땀 좀 내면 그만이지만 매일 새벽 2시 30분에 일어나야 한다는 사실은 그 자체로 무척이나 공포스러웠다. 평소 아침잠이 많은 편이라서 걱정이 됐었는데 그래도 첫날이라고 눈이 바로 떠지는 걸 보니 긴장을 하긴 했나보다. 미리 준비해둔 배달복을 챙겨 입고 집을 나서는데 새벽이라 그런지 제법 쌀쌀했다.

첫 출근 시각 새벽 2:30.

노인들은 잠이 없다는데 역시나 사수 할배가 가장 먼저 나와 있었다.

"오하이요, 고자이마쓰"
(おはいよ、ございます。안녕하세요 ^0^)
"오하이요." (おはいよ。좋은아침~)

이보다 더 몸에 와 닿는 아침 인사가 또 있을까? 할배는 유창하지는 않지만 영어, 한국어를 섞어가며 나에게 이것저것을 설명해줬다.

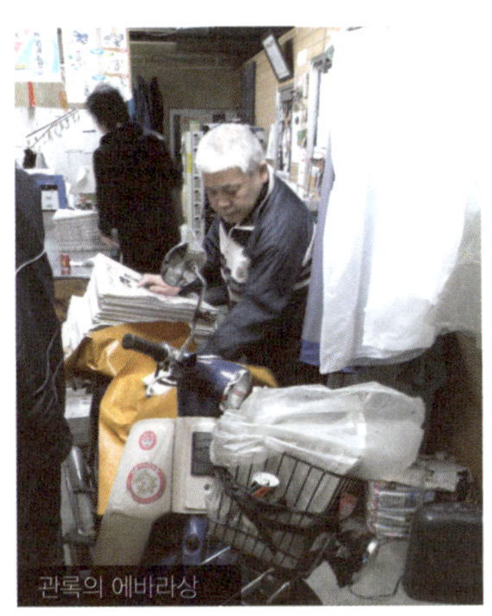

"오늘은 잘 보기만하고 내일부터는 니가 하는 거야? 오케?"
"하이"

눈치 코치로 대충 알아들었다. 첫 출근을 하면 일주일 정도 견습기간을 가지는데, 사수와 함께 배달하면서 코스와 배달방법 등을 배우게 된다. 신문배달을 처음하는 경우 그 많은 집들을 어떻게 외우냐며 지레 겁을 먹기 마련이지만 정상인 소리를 듣는 일반인이라면 아무리 늦어도 1주일이면 나 홀로 배달이 가능해진다. 우선 나는 견습기간을 최대한 줄이는 것을 1차 목표로 삼았다.

할배가 불러서 밖으로 나가보니 어느새 배달 차량이 도착해있었고 사람들이 줄을 지어 신문을 들고 미세 안으로 들어갔다. 그리고는 가게 중앙에 놓여있는 테이블에 신문을 가지런히 놓고 묶여있던 노끈을 벽에 걸려있는 낫으로 자르고 비닐을 벗겨냈다. 난 어딜 가면 주위 사물을 관찰하기 좋아하는데 보급소에 처음 도착했던 날부터 눈에 띄었던 낫의 용도가 그제야 이해가 됐다. 슥삭슥삭~

포장이 다 벗겨지자 각자 자기의 신문을 들고 바로 찌라시ﾁﾗｼ : 전단지 작업에 들어갔다. '툭 샥!, 툭 샥!' 다들 약속이나 한 듯 2박자 리듬으로 신나게 찌라시를 넣기 시작했다. '툭' 하고 잡고 '샥' 하고 넣는다. 할배 옆에서 살짝 따라 해봤는데 신문지 사이로 들어가기는 커녕 제대로 집어 들기도 어려웠다. 손들이 어찌나 빠른지 다들 생활의 달인에 나가도 전혀 손색이 없을 정도였다.

내가 연신 고개를 갸우뚱 거리자 영화배우 박상면을 닮은 2구 형님께서 처음엔 어려워 보여도 1주일만 지나면 손에 익을꺼라며 위로해 주셨다. 형님과 잠시 이야기를 나누고 있는데 역시나 관록의 할배, 순식간에 찌라시를 다 치고 바이크에 신문을 싣고 있었다. 그리고 펼쳐진 놀라운 광경! 인터넷에서 사진으로만 보아왔던 신문탑들이 거대한 위용을 자랑하며 우뚝 솟아있었다.

"와~ 스고이!"

내가 멋있다고 감탄을 하자 키다상장발족이 멋쩍은 듯 웃었다. 할배의 도움을 받아 신문을 싣고 바이크에 시동을 걸었다. 바이크 운전이 그다지 익숙하지는 않았지만 신고식을 제대로 치러서인지 두려움은 전혀 없었다. 드디어 기다리고 기다리던 첫 배달 시작이다.

"잇떼키마쑤!"(行ってきます! 다녀오겠습니다!)

카미우케(紙受け) : 신문을 수령받는 작업 – 1, 2

카미와케(紙分け) : 신문을 각 구역별로 나누는 작업 – 3, 4

쿠미코미(組み込み) : 찌라시를 신문지 사이에 넣는 작업 – 5, 6　　　신분 개별 포장 기계

● 사수 할배 쫓아 다니기

5일간의 기억

　　견습 1일차 ・・・ 사수 할배 뒤를 졸졸 쫓아 다니며 앞으로 내가 담당할 배달지역을 순회하기 시작했다. 일본의 아파트 단지는 문 앞에 불을 켜놓기 때문에 밤에도 불구하고 생각보다 밝았다. 다만 맨션이나 아파트는 엘리베이터를 자주 타야했는데 견습기간이 끝나고 할배없이 혼자 탈 생각을 하니 조금 무서웠다. 첫날이라서 그런지 아직은 어디가 어디인지 전혀 감이 오지 않는다.

　　견습 2일차 ・・・ 어제 정신없이 쫓아 다니면서 다리를 무리하게 움직였더니 교통사고로 다친 발목부위가 조금 부어올랐다. 아직은 뒤에서만 따라다니고 있기 때문에 괜찮지만 절뚝이는 다리를 본다면 이상하게 생각하지 않을까 걱정이다. 그나저나 이 많은 집들을 다 외울 생각을 하니 눈앞이 캄캄하다. 과연 내가 할 수 있을까?

　　견습 3일차 ・・・ 오늘은 할배가 쉬는 날이라서 대배원인 키다상이 대신 앞장을 섰다. 키다상은 바이크가 아닌 자전거라서 쫓아가기 한결 편했지만 동선이 할배와 조금 달라서 그나마 왔던 감이 다 날아가 버렸다. 아무래도 쥰로쵸의 순서와 배달 동선은 완전히 일치하지는 않는 것 같다. 그래도 아침 저녁으로 같은 곳을 다니다보니 맨션은 조금씩 눈에 들어온다. 그럼 주택은? 아직 잘 모르겠다.

견습 4일차 ··· 처음으로 앞장 서서 배달을 진행했다. 뒤에서 쫓아 갈 때는 조금 알 것 같았는데 이건 도무지 어디가 어디인지 알 수가 없었다. 쥰로쵸에 적힌 숫자와 번지수를 비교하면서 신문을 넣는게 간단해 보였는데 생각보다 어려웠다. 쥰로쵸를 계속 보고 있으니 머리가 아파왔다. 그래도 발목이 아프지 않아 다행이다. 빨리 아침이 왔으면 좋겠다.

견습 5일차 ··· 할배가 밑에서 기다릴 테니 혼자서 신문을 넣고 오라는 액션을 취했다. 조금 불안했지만 쥰로쵸를 펼쳐가며 한집 한집 신문을 돌리기 시작했다. 실수가 없었는지 신문이 딱 맞아 떨어졌다. 어제까지만 해도 잘 보이지 않던 길이 오늘은 눈에 환히 들어왔다. 배달이 끝나자 할배가 잘 했다며 엉덩이를 툭툭 쳐줬다. 며칠 후면 혼자서도 할 수 있을 것 같다는 생각이 들었다.

시.시.콜.콜 나무보다 숲을 보자

구역 익히기에서 가장 중요한 것은 바로 동선을 파악하는 것이다. 집을 기억하는데 집착하지 말고 바이크가 움직이는 경로를 외우는 것이 좋다. 자신이 지나가는 골목의 풍경과 특징을 잘 기억하고 전체적인 느낌을 익히도록 하자.

● 버려진 물건인데 사용이나 할 수 있겠어?

신 보쌈열전

내방을 갖게 된지도 어느새 1주일이 흘렀다.

　경제적 상황을 고려해 100엔샵에서 가장 기초적인 생필품만 구입한 나였지만, 아무래도 인간적인 삶을 위해서는 구입 타당성 검사에서 눈물을 머금고 포기했던 TV, 냉장고, 의자, 책상, 의자 등의 물건들이 너무나도 절실했다. 고된 하루일과를 마치고 집으로 돌아와도 TV가 없으니 외로움은 배가 됐고, 책을 좀 보려고 해도 책상이 없으니 집중이 되질 않았다. 그렇다고 제품을 구입하기엔 오카네^{お金 : 돈}가 너무나 부족했다.

　난 결국 최후의 선택으로 '그 방법'을 사용 할 수밖에 없었다. 그것은 바로 '보쌈 프로젝트'. 일본으로 오기 전 인터넷에서 한 유학생 분의 생활수기를 읽은 적이 있었는데, 유독 나의 관심을 끈 내용은 생활용품 조달 방법이었다. 그분(?)의 방법은 아주 단순했다. 일본에서도 일반 쓰레기가 아닌 가전집기나 가구를 버릴 때 반드시 구청에서 구입한 스티커를 버리고자 하는 물품에 붙여서 지정한 장소에 버려야 하는데, 평소 관심을 가지고 지켜보다가 자신이 필요한 물건이 나오면 가져와 사용하는 것이었다.

처음에는 '버려진 물건인데 어디 사용이나 할 수 있겠어?' 라는 생각을 했지만 그분의 사진을 본 순간 내 생각은 완전히 바뀌었다. 누가 봐도 정말 깨끗한 책상, 의자, 냉장고 등등 내가 그렇게도 간절히 원하던 모든 물건들이 우아한 자태를 뽐내며 생명력을 이어나가고 있었다.

방법은 알지만 개똥도 약에 쓰려면 없다고 아무리 찾아봐도 그분이 말씀하셨던 녀석들의 집단거주지는 보이지 않았다. 그렇게 며칠이 지나고 조금씩 희망의 빛을 잃어갈 무렵 정말이지 거짓말처럼 전봇대 아래에서 수줍게 잠을 청하고 있는 녀석들을 발견했다.

'오, 신이시여! TV가 보고 싶다고 기도하니 TV를 내어주시고, 앉아서 책보기를 희망하니 책상을 떡하고 안겨 주시는 이 센스는 무엇이란 말입니까?'

그날 이후로 나의 보쌈 프로젝트는 매일같이 계속되었고 한 달 정도가 지나자 그분을 능가 할 정도로 럭셔리 유학생활을 할 수 있게 되었다. TV와 책상으로 시작된 나의 살림목록은 의자, 밥상, 발안마기, 온열기, 선풍기, 책장, 청소기, 전자렌지 심지어는 플레이스테이션에 이르기까지 도무지 멈출 기세를 보이지 않았다.

단! 무엇이든 지나치면 부작용이 따라오는 법!

할머니들이 밖에서 이상한 물건들을 주워 오는 것처럼 눈에만 보이면 무조건 바

폐지수거 금지는 전혀 관계 없다.

데려가세요~

집단 서식지 발견!

이크로 업어오는 이상한 직업병(?)이 생겼다. 필요없는 물건인 줄 알면서도 정신을 차려보면 어느 순간 내 방에 들어와 있었다. 그리고 점점 좁아져 가는 방 크기에 이제는 손을 씻을 때가 됐음을 직감할 수 있었다.

하지만 그런 나도 탐내는 물건이 있었으니, 그것은 다름 아닌 차갑고 시원한 아름다움의 결정체! 냉.장.고. 이 녀석은 워낙에 모습을 잘 드러내지 않아서 여유를 가지고 쭉 지켜보기로 했다.

'언젠간 업어 오고 말 꺼야!'

물론 왜 그렇게 구질구질 하게 남이 버린 물건까지 사용하냐고 하겠지만 멀쩡한 것을 보고 지나치는 것보다는 그 돈을 가지고 일본을 좀 더 느끼고 즐기는데 사용하는 것이 더욱 현명한 일이라고 생각했다. 물론 처음부터 여유로운 사람이라면 밝은 조명이 블링블링 비추는 가게에서 반짝거리는 녀석들로 모셔와도 상관없다.

"버려진 물건 재활용이 뭐가 부끄러운 일인가!"

약간의 눈치에도 불구하고 업어치기 한판승으로 모든 가전 집기를 마련한 바이다.

PS. 냉장고와의 입맞춤은 보쌈프로젝트 7개월 20일 만에 극적으로 이루어졌다.

기숙사와 외부숙소는 다르다?

• 기숙사

기숙사는 보급소와 한 건물에 위치해 있거나 가까운 곳의 건물을 빌려 기숙사로 사용하는 경우가 있는데 기숙사의 경우 보급소와 함께 있다 보니 아무래도 외부숙소보다는 제약이 있을 수 있다. 하지만 보급소와 가깝기 때문에 지각이나 긴급상황에 빠르게 대처할 수 있을 뿐만 아니라 5분이라도 더 잠을 잘 수 있다는 장점이 있다. 별것 아닌 것 같지만 이 5분 때문에 울고 웃는 경우가 많이 생긴다. 자체 기숙사를 운영하는 미세는 중간 이상의 규모라고 생각하면 된다.

(인원 20명 이상 대 / 15명 이하 중 / 10명 이하 소)

〈아사히신문 오미야 – 2인실, 거실, 부엌, 욕실, 화장실〉

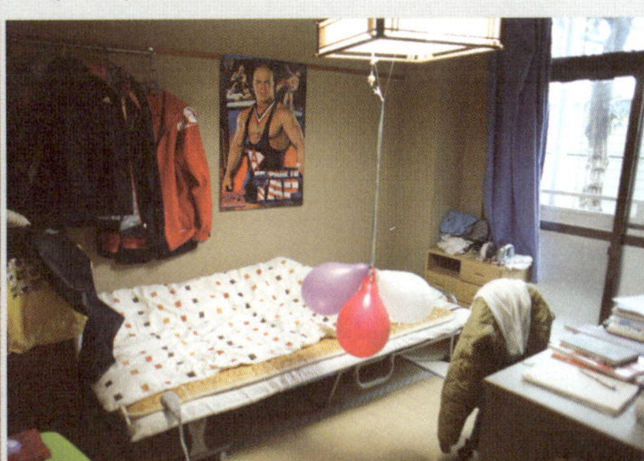

〈요미우리신문 코이와점 – 1인실, 욕실, 화장실〉

〈아사히신문 나리마스점 – 1인실, 부엌, 화장실, 공용샤워실〉

• 외부숙소

규모가 작거나 땅값이 비싼 도심지에 위치하고 있어 자체적인 기숙사 보유가 어려울 경우 미세는 외부숙소를 이용하게 된다. 따로 살기 때문에 기숙사보다 좀 더 자유롭다는 장점은 있지만 자립적인 생활이 필요하다. 집에 문제가 생기면 집주인과 직접 이야기를 한다거나 전기세, 수도세, 가스비 등을 스스로 납부하는 등 자취생과 비슷하다. 보급소와 떨어져 있기 때문에 갑작스러운 대응은 좀 떨어지는 편이다. 기숙사의 경우 동료끼리 서로 깨워준다던가 출근 시간이 좀 늦어진다 싶으면 보급소 사람이 직접 깨우러오는 친절(?)도 기대할 수 있지만, 외부숙소의 경우는 이 같은 도움을 기대하기 어렵다.

〈요미우리신문 히가시오지점 – 1인실, 부엌, 화장실〉

● 이건 뭔가 잘 못 된거야

첫 월급

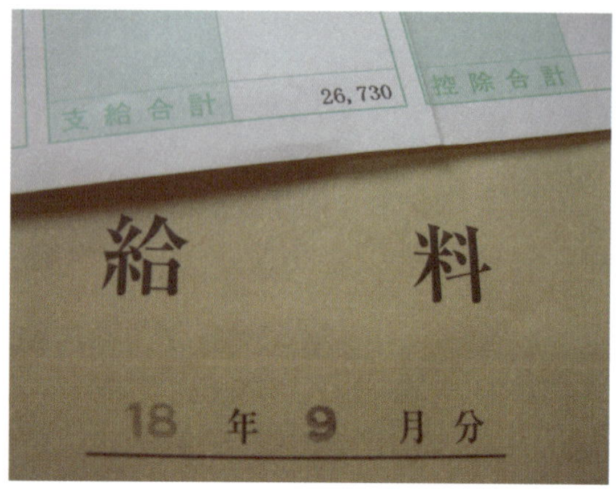

100엔 샵에서 마련한 간단한 생활용품만으로 불완전한 생활을 이어나가던 나에게 드디어 기다리고 기다리던 그날이 찾아왔다.

첫 월급!

처음으로 일본 땅에서 돈을 벌게 된 성스러운 날인만큼 평소보다 조금 더 신경을 써서 신문을 배달했다. 조간, 석간 불착 無! 석간을 마치고 미세에 돌아오니 텐쵸가 평소와는 다르게 웃으며 나를 반겼고, 미세의 분위기도 한결 밝아보였다. 이윽고 노란바탕에 검은 글씨로 '큐료給料 : 급여'라고 똑똑히 적인 월급봉투를 나에게 건넸다.

"하이, 고쿠로사마." (はい、ご苦労様。수고했어)

"아리가또 고자이마쓰!"

못생긴 텐쵸가 그날따라 조금 멋있게 보였다. 헤벌쭉 미소를 보이며 일본에서 내 힘으로 일을 해서 번 첫 월급봉투를 받아들었다. 첫 느낌은? 너무 가벼웠다! 일본은 1만 엔약 13만원이 최고액권이라서 조금은 가벼울 것이라 예상했지만, 이건 가벼워도 너무 가벼웠다. 마치 빈 봉투를 받아든 느낌이랄까? 조심스레 봉투를 열어보니 월급명세서와 만 엔권 2장 그리고 잔돈이 들어있었다.

'아냐, 이건 뭔가 잘 못 된 거야.' 월급명세서를 확인해보니 근무일수가 10일로 찍혀 있었다. 야스미도 없이 뼈 빠지게 일해서 오늘까지 딱 20일이 돼 있어야 하는데 도무지 이해가 되질 않았다. 마침 2년간 신문밥을 드신 2구 형님이 옆에 계셔서 검증을 부탁드렸다.

"저기 아무래도 좀 이상한데 이것 좀 봐주시겠어요?"

형님은 내 급여명세서를 받아들고는 나에게 물었다.

"지난달 20일부터 일 한 거 맞죠?"
"네!" – –
"맞는 것 같은데요?"
"네?"

그리곤 잠시 후, 억장이 무너질 만한 사실을 들었다. 급여는 오늘 일한 날짜까지 나오는 것이 아니라, 전달 근무일만 계산하기 때문에 근무일은 10일이 맞고, 1주일은 견습기간이니 해당 급여의 60%만 계산되서 나왔다는 것이다. 이 무슨 청천벽력 같은 소리인가! 한 달을 일하면 한 달치가 나올 거라고 생각한 내가 바보였다. 그래서 생활비도 달랑 50만원만 들고 와서 첫 월급에 맞춰서 사용하고 있었는데 갑자기 눈앞이 막막해졌다.

형님이 텐쵸에게 일본어로 다시 물어봤다. 텐쵸가 고개를 끄덕이며 씨익 웃어 보였다. 맞단다. 가벼운 월급봉투를 무거운 마음으로 받아 들고 맥주도 아닌 핫뽀슈[発砲酒 : 발포주]를 한 캔 사서 집으로 돌아왔다. 처음으로 일본에서 돈을 벌었다는 뿌듯함보다는 생활비에 대한 걱정이 눈앞을 가렸다.

'26,730엔'

다음달까지 나에게 주어진 생활비가 아닌 생존비였다. '머리가 나쁘면 몸이 고생한다.' 정말 옛말에 틀린 말 하나 없다.

 기숙사 환경은 "복불복" 이다?

거의 모든 유학원마다 쾌적한 환경을 갖춘 미세를 소개해 주겠다고 한다. 그러나 자리가 생기면 사람을 보내주는 인력소개업 정도이기 때문에 자체적으로 확인한 일부 미세를 제외하고는 기숙사인지 외부 숙소인지 정도만 알려주는 경우가 많다. 따라서 숙소의 환경은 거의 운에 가깝다고 볼 수 있다. 하지만 수속과정에서 조금만 신경을 쓴다면 자신이 생활하게 될 숙소환경을 미리 가늠해 볼 수는 있다.

숙소의 크기와 질은 미세의 위치와 반비례한다. 보급소의 위치가 JR 야마노테센(山手線)을 기준으로 도심과 가까울수록 숙소의 크기와 질은 점점 낮아진다. 반대로 도심과 멀어질수록 숙소는 커지고 환경은 좋아진다고 보면 된다. 이유는 간단한데 땅값이 비싼 지역일수록 방값도 비싸지므로 환경은 상대적으로 낮아 질 수 밖에 없다.

서울에서도 원룸의 가격이 지하철 2호선을 기준으로 안쪽에 있느냐 바깥쪽에 있느냐에 따라서 달라지는 것과 같은 이치이다. 물론 교통의 편리성이나 학교와의 인접성 등 각 지역의 장. 단점이 존재하기 때문에 무조건 어느 쪽이 좋다고는 이야기하기 힘들다. 따라서 자신이 비중을 두는 쪽에 맞추어 선택을 하는 것이 만족도를 높일 수 있다.

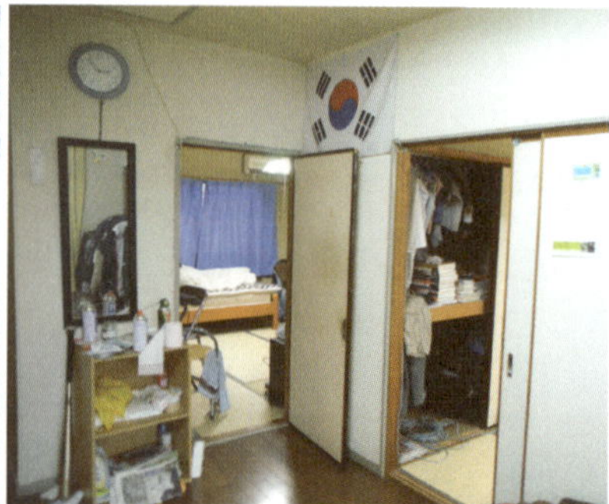

● 꿈.깨.세.요.

장화신은 고양이

비가 오는 날이면 잠에서 깨어나 조금 더 따뜻하게 입고 우의를 챙겨 평소보다 일찍 문을 나선다. 발에 맞는 장화를 구할 수 없었던 나는 평소대로 운동화를 신었는데 이 운동화라는 것이 원체 방수 능력은 형편없는 것이어서 배달을 시작하면 금세 비에 젖고 만다. 게다가 장마기간이라도 되면 매일같이 내리는 비로 인해 반쯤 젖은 상태로 신는데 이것은 마치 젖은 팬티를 입는 것과 같은 느낌이라 정말이지 참기 힘들었다. 하지만 사람이란! 고난에 강해지고 역경을 뛰어넘는 존재가 아니던가? 평소 잔머리에 강한 나는 머리를 굴리기 시작했고 마침 장을 보거나 물건을 사면 자연스레 따라오는 비닐봉지가 눈에 들어왔다. 혹시나 하는 생각에 발에 비닐봉지를 감싸고 배달을 나갔는데…

다이세코오! (大成功! 대성공!)

비닐로 인해 양말이 땀에 젖기는 했지만 그래도 빗물에 퉁퉁 불어 터진 만두 보다는 나았다. 물론 비가 온다고 모든 사람이 장화를 신는 것은 아니다. 나야 원채

발이 커서 장화를 구하는 것도 쉽지는 않았지만 다른 사람들은 장화가 있는데도 불구하고 신기는 커녕 먼지가 폴폴 쌓인 채로 방치하고 있었다. 누구는 장화가 없어서 비닐봉지를 발에 동동 싸매고 있는데 말이다. 나중에 알게 되었는데 장화는 방수 자체로의 역할은 탁월하지만 바닥이 미끄럽기 때문에 바이크를 타고 계단을 오르내리고 동네를 뛰어다녀야 하는 신문배달에는 다소 불편할 수 있다는 것이다. 그리고 한 가지 신기했던 점은 똑같이 운동화를 신어도 배달 짬밥경력에 따라 젖는 정도가 사뭇 다르다는 것이었다.

장화가 비오는 날의 옵션이라면 우의는 반드시 챙겨야하는 기본용품이다. 배달원에게는 모두 상, 하 한 벌의 우의가 보급되는데 빗속에서 전투를 치러야하는 업무의 특성상 방수력은 매우 우수하다. 하지만 입으면 덥다는 치명적인 단점을 가지고 있어서 비가 많이 내리지 않는 한 대부분 상의만 입는다.

"전 비를 좋아해요, 비가 오면 친구들과 술 한 잔 기울이면서, 수다도 떨고. 그리고 무엇보다도 비가 오면 시원하잖아요."

혹시라도 신문장학생을 생각하는 사람 중에 이런 생각을 가지고 있는 사람이 있다면 한마디만 이야기 해주고 싶다.

꿈.깨.세.요.

| 오늘의 교훈 | 보급은 없다. 장화는 사서신자.
(참고로 280이상의 사이즈는 구하기 힘드니 필요한 사람은 한국에서 구입해서 가도록 하자.)

장화는 1500~2000엔 정도면 구입 가능

● 새벽을 달리는 신장생

전투 준비

　신문장학생에게는 2가지 의무가 존재한다. 하나는 신문배달의 의무와 또 하나는 건강 보전의 의무가 있다.

　'이 몸은 내 것이 아닌, 수많은 독자들의 공유물이다.' 라고 하기엔 너무 비약적인 표현이 될지도 모르겠지만 무릇 신장생은 머리가 아닌 몸으로 먹고사는 신분이다 보니 사랑하는 애인 다루듯 정성껏 보살펴줘야 한다.

　그중 우리가 가장 조심해야 할 녀석으로는 오랜 친구 '감기'가 있다. 이 녀석, 아주 혈기가 왕성하다. 아침저녁으로 찬바람과 함께 다니면서 눈물도 아닌 콧물을 질질 흘리게 만들고 길거리에서 주는 무료휴지를 빼먹지 않고 챙기게 만드는 능력이 있다. 대단한 놈이다. 새벽 찬 공기를 가르며 신문과 고군분투를 해야 하는 신장생은 감기에 무척이나 취약한 편이다. 도쿄의 겨울이 따뜻하다고는 하지만 그래도 새벽공기는 무척이나 쌀쌀해서 살짝 달리기만해도 '아, 추워'라는 말이 저절로 입에 붙는다.

그렇다면 새벽을 달리는 신장생들은 어떤 준비를 해야 할까? 우선 복장에 각별히 신경을 써야 한다. 여름에는 티셔츠와 배달복만으로도 충분하지만 겨울은 배달복만 입기엔 춥기 때문에 하의는 내복, 상의는 티셔츠, 후드T 등을 같이 입어주는 것이 좋다. 처음엔 조금 춥더라도 배달을 시작하면 금방 땀이 나기 때문에 너무 두꺼운 옷 보다는 얇은 옷을 여러 겹 입고 더우면 하나 씩 벗는 편이 감기예방에 좋다. 그리고 목폴라, 방한마스크와 더불어 반드시 착용해야 할 것이 있는데 바로 수건이다. 수건은 땀을 닦는 용도 이외에도 목에 둘러 체온을 유지하는 기능도 있다. 목도리를 하고 배달을 하기에는 너무 부담스럽고 풀리기라도 하면 자칫 사고가 날 위험도 있기 때문에 선택한 것이 바로 수건이다.

난 수건을 다양하게 사용했는데, 배달 후반에 머리에 땀이 나기 시작하면 재빨리 머리에 둘렀다. 머리에 두른 수건은 땀이 눈가로 흐르는 것을 방지하고 땀이 식으면서 발생하는 체온 저하를 방지한다. 그리고 뭔가를 열심히 하고 있는 것 같은 자아도취적 성취감마저 안겨주었다. 마지막으로, 배달시에는 장갑을 끼는 것이 좋다. 겨울철 두꺼운 장갑은 바이크 운전에 방해가 되지만 얇은 면 장갑의 경우는 손을 따뜻하게 해주고 손이 트는 것을 방지해준다. 신문을 돌린다고해서 땀 냄새 풍기는 거친 모습을 보일 필요는 없다. 더욱 깔끔하고 깨끗한 모습을 유지하자.

신문장학생을 지켜줄 걱정마 보험 3총사!

외국생활에서 조심해야 할 것은 손에 꼽을 수 없을 만큼 많이 있지만 그 중에서도 가장 무서운 것이 바로 사고와 질병이다. 신장생들은 다른 누구보다도 더욱 두텁게 안전막을 갖추어 놓아야 하는데 일본의 살인적인 의료비 때문이기도 하지만 아침저녁으로 자전거와 바이크로 신문과 씨름을 해야 하며 언제 어디서 무슨 일이 일어날지 모르기 때문이다.

• 국민건강보험

우리나라의 의료보험증과 같은 개념으로 일본에 1년 이상 거주하는 사람은 누구나 가입할 수 있다. 건강보험의 경우 권고사항이지 강제사항은 아니기 때문에 보험비용이 아깝다고 생각해 가입하지 않는 사람도 많은데 신장생은 반드시 가입을 하자.

건강보험은 의료비의 30%만 본인 부담이며 관할 쿠약쇼(区役所 : 구청), 시약쇼(市役所 : 시청)의 국민건강 보험과에서 신청가능하다(여권지참 후 구비서류 작성). 건강보험증을 발급받으면 매달 일정한 보험료를 내야하는데 약 980엔~1400엔 정도이며 보험료는 지역에 따라 조금씩 다르다. 보험증을 발급받고 1주일 후 보험내역서와 매달 내야하는 여러장의 고지서가 들어있는 우편물이 주소지로 도착한다. 날짜에 맞추어 한 장씩 납부하면 된다. 통장이 개설 되어 있다면 자동이체도 가능하며 편의점에서 납부해도 된다. 단, 날짜가 지난 고지서는 은행에 직접 납부해야 한다. 귀국 시에는 반드시 해당 쿠약소에서 해약한다.

※ 주의사항 – 만약 처음에 가입하지 않고 대학교 진학을 하게 될 경우 일본 입국 시점부터 현재까지의 체납액이 한 번에 계산 되어 나오기 때문에 처음부터 가입을 하는 편이 좋다.

• 유학생보험

유학생보험은 출국 전 한국에서 가입해야하는 실비보험으로서 입원, 치료 등으로 발생한 병원비를 보험사에 청구해서 돌려받는 것이다. 당연히 일본 병원에서의 할인은 없다. 질병의 경우에는 본인 부담금이 있는데 10만원 미만에 해당하는 치료비는 본인이 부담하고 그 이상의 경우에는 보험사에 청구하면 된다. 회사별로 가격과 보상 내용이 다르니 비교 후 자신에게 맞는 상품을 선택하면 된다.

• 산재보험

산재보험은 개인이 가입하는 것이 아니라 신문보급소에서 전 직원을 대상으로 의무적으로 가입을 하는 보험이다. 배달 중 일어난 사고는 전부 산재처리가 되니 걱정하지 않아도 된다(업무 중 발생한 바이크 파손, 치료비 등의 교통사고 피해에 대해 보상).

● 영양보충으로 좋아요

타베떼미요!^(食べてみよう : 먹어보아요.)

　　세계에는 그 나라를 나타내는 국가대표음식과 자국에서도 호불호가 갈리는 토속음식이 존재하는데 물론 처음에는 혐오식품이었다가 국가대표로 발탁이 되어 국위선양을 하고 있는 음식도 있긴 하다. 김치가 그 대표적인 예라 할 수 있는데 마늘과 젓갈이 들어간 음식의 특성상 외국인에게는 감히 범접할 수 없는 지극히 한국적인 음식이었지만 영양학적 우수성과 끊임없는 개량을 통해 이제는 우리나라를 대표하는 한국대표 음식이 되었다. 일본의 경우 한국으로 따지면 생청국장에 해당하는 낫또가 그 중의 한가지라고 할 수 있다.

　　물론 나 역시 처음부터 낫또를 좋아한 것은 아니다. 한 없이 늘어나는 실과 끈적거림으로 인해 적잖이 거부감이 있었다. 하지만 몸에 좋다는 이유만으로 먹기 시작했고 먹으면 먹을수록 깊어지는 그 맛으로 인해 거의 매일 달고 살았다. 낫또는 콩의 종자와 제조방법에 의해 그 종류가 여러 가지로 나뉘지만 보통은 2, 3개의 포장단위로 스티로폼에 담겨있고 먹기 쉽게 간장과 겨자 소스 타래가 들어있다.

• 낫또를 맛있게 먹는 법!

1. '휘휘' 젓는다. 딱히 회수가 정해져 있는 것은 아니지만 실이 많이 나올수록 먹기에 부드럽고 효능도 좋아진다. 정신을 모아 20~30회 힘껏 저어주자. 휙~휙~

2. 타래는 점성이 생긴 다음 넣자. 간장과 겨자소스는 충분히 점성이 생긴 다음 넣어주어야 맛있는 낫또를 즐길 수 있다. 타래(소스)를 넣고 비비면 점성이 잘 나오지 않는데 이는 마치 늘어나지 않고 툭툭 끊어지는 피자치즈와 같다. 실과 끈적임은 낫또의 생명이다. 쭉~쭉~

3. 입맛에 맞게 플러스알파! 타래는 개인의 입맛에 맞게 무엇이든 첨가하여도 상관없지만 수많은 실험을 거듭한 개인적인 경험에 비추어 보면 기본타래 + 고추장 조합이 무척이나 흡족한 맛이었다. 낫또는 1개의 양이 무척이나 적으므로 고추장은 약간만 넣어주어도 된다. 살~짝

낫또는 콩의 종류와 절단여부에 따라 그 종류가 100가지도 넘는데 맛과 질감이 각각 다르기 때문에 취향에 맞게 고르면 된다. 그리고 낫또는 발효음식이므로 유통기한이 어느 정도 지나도 전혀 상관없다. 유통기한이 2~3일 지난 낫또의 경우 두 세 번만 저어도 젓가락에 실타래가 감기듯 실들이 생겨나는 것을 볼 수 있다. 이는 발효가 잘 되었다는 뜻이므로 따끈한 밥에 얹어 맛있게 먹어주면 '오이시이' 가 입에서 절로 나온다.

퀘퀘한 냄새와 미끈거리는 느낌 때문에 낫또를 어려워하는 사람들이 많지만 낫또만큼 영양가있고 값싼 음식을 찾기도 어렵다. 다이어트에 좋고 변비에 좋은 맛있는 낫또! 눈 딱 감고 딱 한번만 먹어보자. 매일 아침 낫또를 비비고 있는 자신을 보게 될지도 모른다.

"왼손으로 비비고, 오른 손으로 비비고~"

벌써 두 달

TO. 용기씨에게

안녕하세요. 처음 뵙겠습니다.

저는 10월 학기 신문장학생으로 일본에 온 나리마스(成增 지명)의 아이쯔 입니다.^^; 앞으로 따끈따끈한 이야기를 전하도록 노력하겠습니다.

9월 중순에 도쿄 나리타공항을 밟았으니까, 이제 벌써 일본에 온 지 두 달이 지나가고 있네요. 저는 보통 저녁 9시에 자고 새벽 1시 50분에 일어나서, 미세에 2시까지 갑니다.

처음엔 걱정도 되고 과연 내가 이 생활을 잘 할 수 있을까 염려도 되었지만, 이제 어느 정도 안정이 되는 것 같습니다. 제가 있는 미세는 한국인이 저를 포함해서 2명밖에 안 되고, 일본인들이 특별히 잘 해 주는 것도 없거만 그렇다고 나쁜 사람도 없어 보입니다. 그냥 평범한 일본인들 속에 섞여서 살고 있습니다. 숙소도 제가 생각했던 것 보단 넓고 깨끗했습니다. 물론 한국에서 살던 아파트에 비할 바는 못 되거만, 도쿄에서 이 정도 숙소에서 사실상 공짜로 살 수 있다는 사실에 만족하고 있습니다.

신문배달도 이제는 쥰로쿄를 거의 보지 않습니다. 맨션(우리나라의 아파트)만 보고, 단독주택은 한 달쯤 지나니까 저절로 외워지더군요. 맨션도 못 외워서 쥰로쿄를 보는 게 아니라 혹시나 하는 마음에 보고 있습니다. 사실 신문배달은 지금까지 제가 했던 일 중에서 가장 쉬운 일에 속합니다. 아니 쉬운 일이라기 보다는 마음 편한 일이라고 하는 게 좋을 것 같군요. 머리 쓸 일도 별로 없고, 누가 간섭하는 사람도 없고 그냥 자신과의 외로운 싸움입니다. 시간되면 미세에 가서, 찌라시를 신문에 넣고 오토바이에 싣고 고독을 씹으면서 묵묵히 배달만 잘 하면 아무도 뭐라고 하는 사람이 없습니다. 금요일에서 일요일까지의 조간은 찌라시의 양이 많아서 조금 힘들고 그리고 비 오는 날은 배로 힘들거만 아직까지 그 외에는 특별한 어려운 점은 없습니다.

다만 선문배달만 하는 게 아니라 일본어학교에 다니면서 공부도 해야 하는 입장이므로 그렇게 편한 것만은 아닙니다. 특히 말이 잘 안 통하는 외국에서 일과 공부를 같이 한다는 것은 굳은 각오가 필요하고 철저한 자기관리가 필요해 보입니다.

어학교의 경우 초반 3개월은 적응기라고 생각해서 사실 제 일본어실력보다 조금 낮은 수준의 수업을 듣고 있습니다. 현재 초급 마지막 단계 수업을 듣고 있는데 아직까지는 따로 공부를 안 해도 진도를 따라가는데 별 다른 어려움이 없는 상황입니다. 그러나 만약 정말로 자기 실력에 딱 맞는 수업을 듣는다면 얘기가 확 달라집니다. 하루 4시간의 수업과는 별도로 2시간 이상 일본어 공부를 따로 하지 않는다면 진도 따라가기가 힘들어 보입니다. 선문배달을 하면서 수업과 별도로 하루 2시간 이상씩 일본어 공부를 꾸준히 한다는 게 말처럼 쉬운 일이 아닙니다.

저는 만보기(걸음수를 재는 기계)가 있는데 이걸로 제가 하루에 얼마나 걷는지 측정을 해 본 적이 있습니다. 조간, 석간을 모두 배달하고 일본어학교에 가는 날의 제 걸음 수는 2만보가 넘었습니다. 한국 직장인들의 평균 걸음수가 5천보가 안 된다는 점을 감안하면 엄청난 수치입니다. 걸음수 2만보는 5~6시간 정도 등산했을 때의 수치랑 비슷합니다. 즉, 저는 거의 매일 등산하는 것만큼 걷고 있는 셈입니다.

선문배달과 공부를 함께 하는 건 체력소모가 의외로 많기 때문에 장기적인 관점에서 잘 생각하고 행동하고 자기관리도 잘 해야 할 것 같습니다. 그래야 일과 공부 모두 성공할 수 있을 것 같네요.

저도 아직 초짜라서 뭐라고 구체적으로 말하긴 힘들지만 찾아보면 일본에서 배울 점이 무척 많을 것입니다. 가급적 일본의 나쁜 점은 멀리하고 좋은 점을 잘 배워서 자신의 가치를 높였으면 좋겠다는 생각이 듭니다. 저도 앞으로 1년 동안(어쩌면 그 이상) 그렇게 살려고 노력할 것이고요.

제가 선문배달을 선택한 이유는 저렴한 비용으로 일본에 와서 공부할 수 있다는 점도 있었지만 선문을 공짜로 볼 수 있다는 점도 있습니다. 확실히 많은 종류의 선문을 그냥 구할 수 있어서 좋습니다. 일본에는 별의 별 선문이 참 많더군요. 그러나 아직 제가 선문을 자유롭게 읽을 정도의 실력이 아니라서 안타깝네요. 주변에 정보는 넘쳐나는데, 그걸 읽을 수 없는 이 답답한 마음. 하루 빨리 선문을 읽을 수 있게 되도록 열심히 공부해야겠습니다.

그럼 이상! 도쿄통선원 아이쯔 였습니다.

PS. 모르긴 몰라도 선문배달이 다이어트에는 직효약 인 것 같습니다. 벌써 3kg이 빠져버렸네요.

● ● 알고 싶어요 ●

08 조간배달 작업 과정

∷ 기본적인 작업 순서

∷ 준비작업 – 쿠미코미(組み込み)

쿠미코미는 오리코미(찌라시를 한 묶음으로 만드는 작업)를 마친 찌라시를 신문속에 넣는 작업이다. 조간에 하는 쿠미코미는 왼손과 오른손을 동시에 움직여야하는 작업인데 집고, 넣고, 치는 3단계로 나눌 수 있다.

1. 집기	2. 넣기

왼손으로 찌라시가 들어갈 수 있게 신문의 모서리를 조금 들어 올린 다음 오른손으로 찌라시를 집는다.

오른손으로 찌라시를 신문이 들린 부분을 통해 밀어 넣는다(찌라시를 집어서 넣는다기보다는 엄지를 제외한 나머지 네 손가락으로 바닥을 닦는다는 느낌으로 '툭툭' 밀어 넣어야 보다 수월하다).

3. 치기

① 신문을 바닥에 내리치면서 튀어나온 찌라시를 밀어 넣는다.

② 정리가 덜된 찌라시는 손바닥으로 쳐넣는다.(입으로 바람을 불어 넣어도 된다.)

③ 세로로 한 번 더 정리한다.

쿠미코미는 처음 할 경우 약 1시간을 소모시킬 만큼 무척이나 짜증나는 작업이지만, 시간이 지나고 익숙해지면 15분 정도에 250부를 끝낼 수 있을 만큼 손쉬운 작업이기도 하다. 집고, 넣고, 치고, 돌리고~

● ● 알고 싶어요 ●

09 신문포장, 밧줄로 꽁! 꽁!

전체 포장의 정석

신문포장은 비가 오냐, 안 오냐에 따라서 그 방법이 달라지기 때문에 우선 날씨를 잘 살펴야 한다. 일기예보를 보는 것도 좋지만 하늘을 보고 판단하는 것도 꽤나 유용한 방법이다. 별빛이 반짝반짝한 맑은 날씨가 예상된다면 아주 간단한 일반포장을 하고 구름이 잔뜩 끼었거나 비가 온다면 전체 포장을 하면 된다.

신문포장순서

1. 아테가미(当て紙 : 바닥에 까는 종이)

아테가미는 신문을 포장 할 때 파손방지로 밑에 까는 종이를 뜻하는 말인데 맨 아래쪽에 깔리는 신문이 더러워지거나 구겨지지 않게 방지해주는 역할을 한다. 간편하게 신문지 한 부를 바닥에 깔아주면 된다. 여유분을 많이 챙겨나가는 경우라면 아테가미를 깔지 않더라도 크게 문제가 되는 것은 아니지만 보통은 한 두부를 추가로 가져가기 때문에 자칫 실수라도 하게 되면 미세로 다시 돌아와야 하는 불상사가 생긴다. 그리고 찢어지거나 심하게 구겨진 신문을 배달하는 것은 마치 '미세로 전화 주세요.' 하는 것과 같기 때문에 가급적 종이를 깔아주는 것이 좋다.

2. 신문 싣기(뒤쪽 짐받이)

짐받이에는 신문을 가로 방향으로 딱 두덩이를 실을 수 있는데 가능한 '적당량'만 싣도록 하자.(자신의 윗가슴정도 높이가 적당량이다. 익숙해지면 점차 늘려가도록 하자.)

↓ 열린쪽

페이지가 붙은 면이 등 쪽으로 오게 한다.

닫힌쪽 ↑

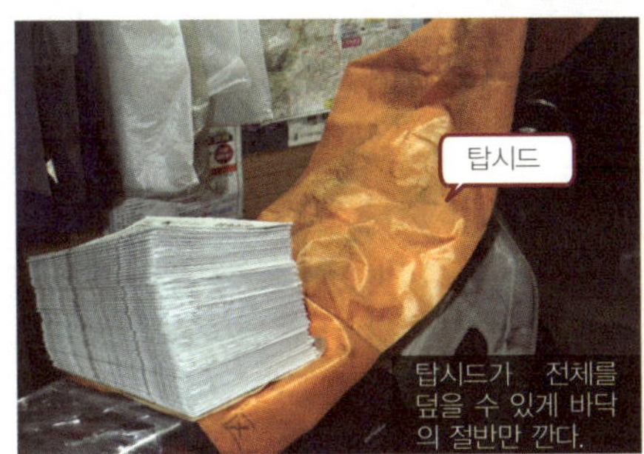

탑시드가 전체를 덮을 수 있게 바닥의 절반만 깐다.

배달을 처음 하는 경우, 무리다 싶을 정도로 한 번에 많은 양의 신문을 싣곤 하는데 이렇게 되면 바이크의 움직임이 둔해지고 펑크가 날 확률도 높아져 자칫 사고로까지 이어질 수도 있다. 그리고 조간이 200부를 넘는 경우라면 어차피 츄우케(中継 중계, 남은 신문을 중간지점에 가져다 놓는 일)를 이용하거나, 두 번에 나누어서 배달을 하므로 무리하게 많은 양을 실을 필요는 없다.

비가 오거나 예상이 되는 경우라면 반드시 탑시드를 이용해서 일명 김말이 작업을 해줘야 한다. 우선 탑시드를 짐받이에 깔고 그 위에 신문을 올린다. 이때 주의해야 할 점은 탑시드가 신문을 완전히 덮어야 한다는 점인데 만약 탑시드의 끝이 조금이라도 신문에 걸쳐있다면 빗물이 탑시드를 따라 흘러 신문을 적시게 된다. 바로 게임 아웃이다. 탑시드가 긴 경우에는 아무런 문제가 안 되겠지만 보통은 짧은 경우가 많기 때문에 탑시드를 짐받이의 반 정도만 걸친 상태에서 일명 김말이 작업을 해준다. 밑바닥은 비가 젖을 일이 거의 없으니 반 정도만 걸쳐도 문제가 없다. 역시 신문 한 부를 아테가미로 깔아준다.

3. 비닐 깔기

신문을 다 실었다면 맨 위에 비닐 한 장을 덮어준다. 비닐은 고무줄로 신문을 묶을 때 맨 위의 신문이 찢어지지 않도록 도와주며 동시에 위쪽 신문이 잘 빠져나오도록 도와준다. 비닐은 처음 신문을 받았을 때 포장되어 있던 비닐을 찢어서 사용하면 된다. 비닐대신 포장 전용 탑시드를 사용하기도 한다.

4. 신문 묶기

고무줄로 묶을 때에는 신문이 빠지지 않도록 강하게 묶는 것이 중요하지만,
너무 강하게 묶으면 신문이 빠지지 않아 오히려 고생을 할 수도 있다. 신문
을 묶을 때에는 크게 N자, 11자, X자 형이 있다.

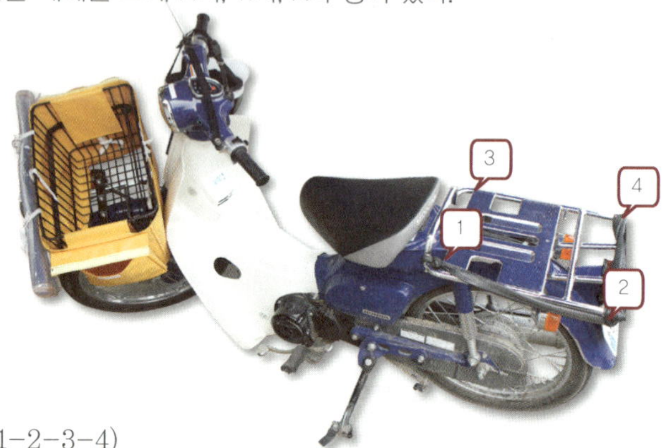

• N자형(1-2-3-4)

사선이 한 번 들어가기 때문에 신문이 쉽게 빠지지 않고 안정적으로 묶인다
는 장점이 있지만, 줄이 짧을 경우에는 사용하기 어렵다. 고무줄이 그냥 봐서
는 무척 질겨 보이지만 그래도 매일 사용하는 물건이다보니 생각보다 잘 끊어
진다. 하지만 끊어진 고무줄은 바로 새것으로 교체하는 것이 아니라 다시 연
결해서 사용해야하기 때문에 시간이 갈수록 고무줄의 길이는 점점 짧아진다.

• 11자형(1-2-4-3)

길이가 짧아 N자형이 안되거나 부수가 적을 때 사용하는 방법으로 양쪽을 1자
로 묶기 때문에 N자형이나 보다는 약하지만 신문을 쉽게 뽑을 수 있다는 장
점이 있다.

• X자형(1-4-2-3)

고무줄의 길이가 너무 짧아서 11자 형조차 안 될 경우 사용하게 되는데 사선으
로 2번 묶이기 때문에 오히려 11자보다 신문을 강하게 잡아주는 효과가 있다.
길이가 짧을 경우 강력추천!

• 고무줄 길이 N자 〉 11자 〉 X자

5. 신문 싣기(앞쪽 바구니)

뒤쪽의 신문 싣기가 마무리 되면 이번엔 앞쪽을 채우기로 하자. 신문탑으로 대표되는 바구니 채우기는 개인의 배달 취향에 따라서 그 높이가 결정 된다. 신문탑은 높으면 높을수록 핸들이 무거워 지기 때문에 운전이 어려워진다는 단점이 있지만 신문 꺼내기가 용이하기 때문에 그만큼 신속하다는 장점도 있다. 자신의 취향에 맞게 탑을 쌓아 올리도록 하자. 단! 아무리 높더라도 시야를 가려선 안된다.

우천시를 대비한 비닐 보호막!

비가 많이 오거나 개별포장이 필요한 경우는 비닐포장기를 이용

❖ 알고 보면 간단한 신문탑 쌓는 법!

1. 바구니에 적당량의 신문을 넣고 앞가르마를 타듯이 중앙을 '쩍' 하고 갈라준다.

2. 갈라진 중앙에 신문을 반으로 접어 살포시 겹쳐 올린다.

3. 위로 올라갈수록 접어 올리는 신문의 부수를 줄인다.

가르고

쌓고

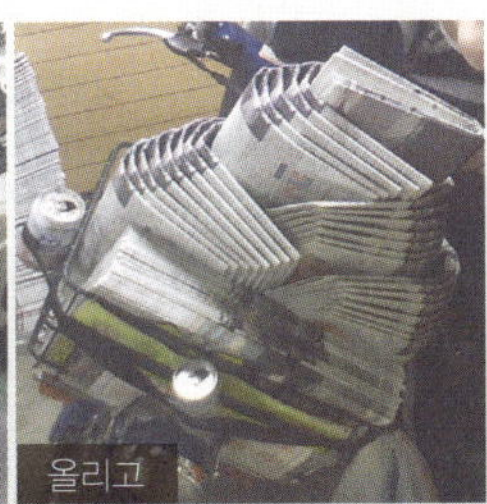

올리고

시.시.콜.콜 알려줄게, 달인의 기술

• 신문은 뒤에서부터~

앞에서부터 신문을 싣기 시작하면 핸들이 꺾여있어 무게중심이 한쪽으로 쏠리며 바이크가 넘어질 가능성이 높다. 특히나 신문 탑이 높게 쌓이는 경우라면 반드시 뒤쪽에 신문이 실려 있어야 안정감이 유지된다. 나도 앞쪽부터 신문탑을 만들다가 바이크가 '푹' 하고 넘어간 적이 있는데 화투패 펼치듯 바닥에 '좌악' 펼쳐진 신문을 주어 담으며 쓰라린 가슴을 움켜쥐었던 적이 경험이 있다.

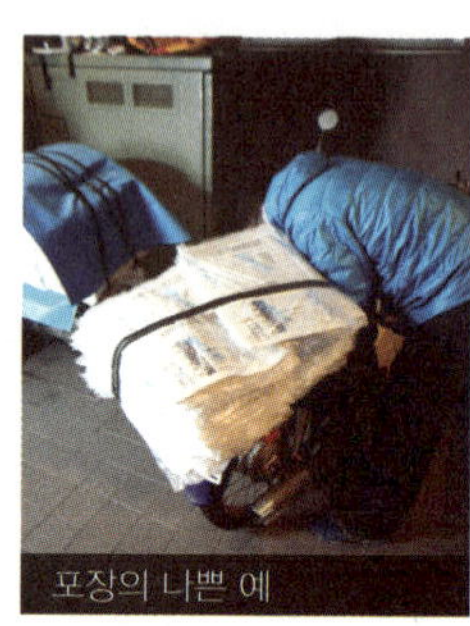

• 센터스탠드 사용은 금물!

센터스탠드는 신문을 실을 때 사용하는 것이 아니라 바퀴의 교체나 수리를 할 경우 사용한다. 센터스탠드를 이용해 신문을 싣게 되면 처음에는 문제가 없지만 일정무게를 넘어서면 뒤쪽으로 무게중심이 쏠리면서 스탠드가 접힌다. 아무것도 모르고 사용하던 날 나의 애마는 바닥에서 헤엄을 쳤다. 신문을 한 가득 토해 놓은 채.

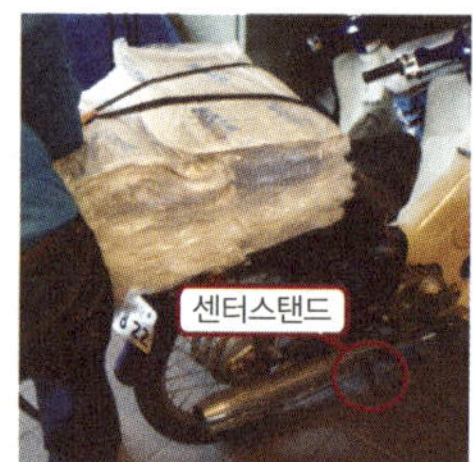

• 신문에 공간을 주자!

고무줄로 묶고 난 다음에는 적당량의 신문을 가로로 반을 접어(길게) 맨 위에 꼽아 넣도록 하자. 이렇게 하는 이유는 신문과 고무줄 사이에 일정량의 공간을 넣어줌으로써 단단하게 유지가 되면서도 신문이 좀 더 쉽게 뽑히게 해주기 때문이다.

• 탑시드 이상여부 확인!(출발 전)

신문을 개별 포장하는 경우라면 탑시드에 구멍이라도 나 있더라도 큰 문제가 안생기지만 전체포장만 한 경우라면 구멍으로 빗물이 들어오기 때문에 신문이 젖어버린다. 출발 전 미리 확인 해 놓자.

10 조간배달

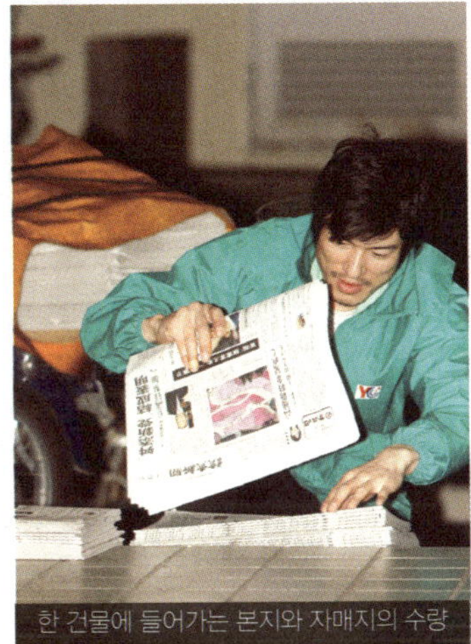

한 건물에 들어가는 본지와 자매지의 수량을 정확히 파악하는 것이 포인트!

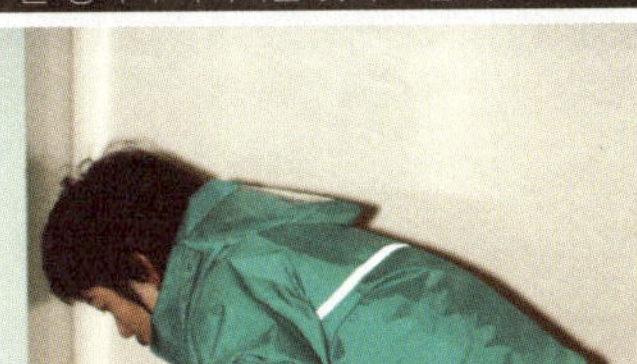

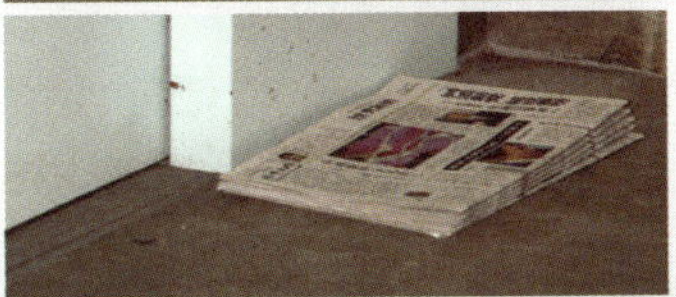

층별에 두, 세 번 정도로 나누어 엘리베이터 입구에 놓아 둔다.

신문포장을 끝내고 쥰로쵸(順路張 : 신문을 넣어야 할 곳이 적힌 수첩)를 챙겨들면 배달을 위한 준비는 모두 끝이 난다. 그럼 이제 본격적으로 배달을 시작해보자.

맨션의 경우 한 부씩 뽑으면서 투입하는 주택지역과 다르게 한 건물에 수십 부씩 신문이 들어가기 때문에 맨션 입구에 바이크를 정차시키고 준비 작업을 한다. 준비 작업이란 한 건물에 들어가는 총 부수를 확인하고 신문을 나누는 것을 말하는데, 부수가 적다면 전량을 가지고 바로 투입해도 문제가 없지만 아파트는 보통 신문의 양이 상당하기 때문에 엘리베이터를 타고 위로 올라가면서 적당히 나누어 놓는 것이 좋다. 딱히 규칙이 정해진 것은 아니므로 상황에 맞추어 각 층별에 두, 세 번 정도로 나누어 엘리베이터 입구에 놓으면 된다.

구름이 많거나 바람이 많이 부는 경우에는 배달을 하는 사이, 게릴라성 폭우에 신문이 젖거나 바람에 날아갈 수도 있기 때문에 전체포장을 한 경우라면 탑시드를 항상 제대로 덮어 주고 그렇지 않다면 간단하게라도 고무줄로 묶어 놓는 것이 좋다.

적당량의 신문을 옆구리에 끼고 쥰로쵸를 보면서 포스트에 신문을 넣는다. 복도를 따라 걸으면서 해당 집에 지정된 신문을 넣는 것은 무척 간단한 일이지만 여기에서도 주의 할 점이 몇 가지 있다.

∷ 하나, 발소리는 싫어요!

개방형 복도의 일본 아파트

신문배달은 업무 할당제로 빨리 마치는 대로 업무가 종료되기 때문에 얼마나 빨리 끝내느냐에 따라서 근무시간이 결정된다고 보면 된다. 그래서 조금이라도 배달시간을 줄이기 위해 최적의 동선을 찾아내고, 가장 효율적인 배달 방법을 연구하게 되는 것인데 맨션 경우에는 이 배달시간 단축에 있어서는 조금은 불리하다.

주택단지의 경우 공간이 개방되어 있어서 뛰면서도 배달이 가능하지만 맨션은 복도를 통해 소리가 전달되기 때문에 최대한 조용히 걸으면서 배달을 할 수밖에 없다. 뛰는 것은 확실히 시간단축에 도움이 되기는 하지만 시끄럽다고 항의 전화가 오기도 한다. 그도 그럴 것이 모두가 잠자는 새벽에 쿵쾅거리는 발소리를 누가 좋아하겠는가?

∷ 둘, 내 말을 들어주오!

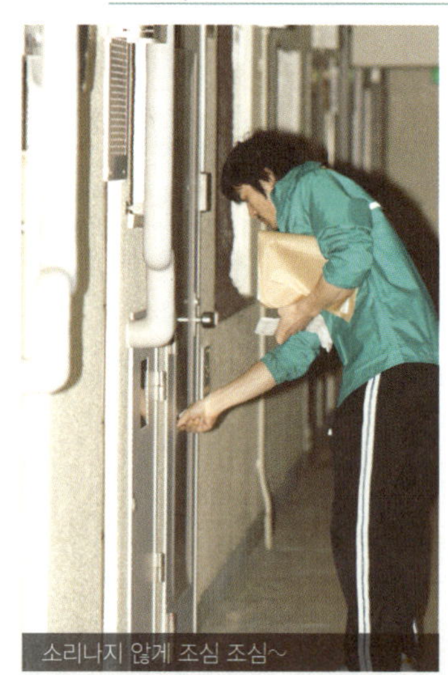

소리나지 않게 조심 조심~

손님들은 의견이나 요구사항이 있을 경우 내용이 적힌 메모지를 문에 붙여 놓는다.

배달하기도 바쁜데 참 귀찮게 한다고 생각 할 지도 모르겠지만 일본어가 서툰 나로서는 참 다행스러웠다. 메모지의 내용은 대게 휴간을 요청하거나 투입방법에 대한 요구가 대부분으로 처음에는 그 내용조차 이해하기가 어려웠기 때문에 핸드폰으로 사진을 찍어 할배에게 보여주거나 메모지를 챙겨와서 내용을 물어보곤 했다. 만약 손님으로부터 전달받은 내용이 구독이나 휴간과 관계된 된 것이라면 수금과도 연관이 있기 때문에 미세에 반드시 보고해야 한다. 내용이 확인되면 쥰로쵸에 따로 표시를 해서 잊어버리지 않도록 하자.

❖ 손님의 메모지는 중요 사항이므로 반드시 체크!

신문 부수가 많으면 한번에 가지고 나가기가 어렵다. 보통 절반정도의 양을 한번에 가지고 가는데 츄우케(중계)가 있는 경우라면 신문을 보충하고 그렇지 않은 경우라면 미세로 돌아가 나머지 신문을 가지고 오면 된다.

배달이 끝나면 미세로 복귀해서 특이사항을 전달하고 마무리를 하면 조간 배달은 끝이 난다.

마음의 소리!

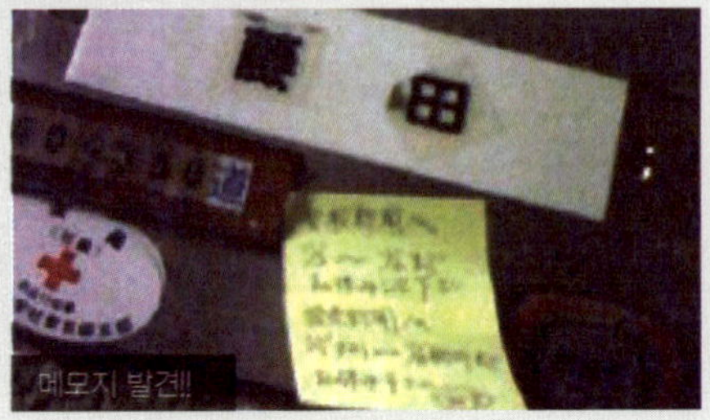

・新聞を1/3のサイズに折って入れて下さい。
(신문을 1/3 크기로 접어서 주세요.)

신문은 보통 1/4로 접어서 넣는 편인데 내 구역의 한 손님은 꼭 1/3로 접어서 넣어주기를 요구했다. 하루라도 잊는 날이면 꼭 미세로 항의 전화가 오곤 했는데 무척이나 신경이 쓰였다.

・チラシはいらないです。 入りません。 (찌라시는 필요없습니다. 넣지마세요)

일본신문의 경우 찌라시의 양이 많아서 신문만 투입해 주기를 요구하는 손님들도 있는데, 처음부터 찌라시가 안 들어간 신문을 따로 준비해두면 한결 수월하다.

・中に落として下さい。 _ 도아포스트(떨어뜨려 주세요.)

・奥まで入れて下さい。 _ 현관포스트(안쪽까지 넣어주세요.)

떨어뜨려 달라는 말은 도아포스트(ドアポスト : 문에 달린 우편함)의 경우 신문을 걸치지 말고 포스토 안쪽까지 넣어 달라는 말인데 신문을 문 안쪽에서 꺼내기 불편할 경우 주로 요청한다.

・半分まで入れてください。 (절반정도만 걸쳐 주세요.)

'떨어뜨려 주세요' 와는 반대로 아파트 1층 신문함에 석간을 넣을 경우 우편함을 열어 신문을 꺼내기 귀찮아하는 손님들이 주로 요청하는 멘트이다. '걸치고, 떨어뜨리고' 신문 하나에도 꽤나 까다로우신 분들이다.

・(何時)まで入れて下さい。 (몇 시까지 넣어 주세요.)

솔직히 이런 말을 해도 되는지는 모르겠지만 배달원의 입장으로 가장 짜증이 나는 손님이다. 신문배달이라는 것이 원클릭으로 동시에 몇 백통의 단체 메일을 돌리는 작업이 아닌지라 정해진 시간에, 정해진 이동경로를 통해 배달을 하게 되는 일이어서 당연히 투입 시간에 차이가 나게 된다. 물론 출근시간으로 인해 신문을 빨리 받아 봐야할 경우에는 서비스인의 자세로 고객의 요구를 받아들여야겠지만 신문이 바뀌면서 자신이 항상 받아보던 시간과 다르다는 이유만으로 빠른 배달을 요구하는 경우 배달동선이 꼬여버리기 때문에 무척이나 곤혹스럽다.

- **ここに入れて下さい。** (이곳에 넣어 주세요.)

정해진 포스트가 아닌 지정한 곳에 신문을 넣어주기를 원하는 경우이다. 우유배달통, 문 손잡이, 화분 옆 등등 말 그대로 골라 넣는 재미가 있다.

- **静かに入れて下さい。** (조용히 넣어 주세요.)

조간의 경우 신장생은 차가운 새벽공기를 가르며 열심히 땀을 흘리지만 손님들 대부분은 편안한 잠자리에 있을 경우가 많다. 따라서 정확하게 신문을 전달하는 것도 중요하지만 수면에 방해가 되지 않게 조용히 배달하는 것도 중요하다.

나에게도 신문 넣는 소리에 잠을 자주 깨니 조용히 넣어 달라고 부탁 하는 손님이 있었다. 최대한 조용히 배달하려고 노력했지만 그 손님은 항상 시끄럽다고 불평을 했다. 바이크 소리가 문제일지 모른다는 생각이 들어 집 앞에서 시동을 끄고 걸어 갔지만 결과는 항상 마찬가지였다. 나중에 알게 되었는데 문제는 집 구조에 있었다. 일본 집들 중에는 화장실과 방만 갖추고 있는 초 간단 원룸 형태의 집들이 많은데 방문만 열면 바로 길가인 이런 집들은 밖의 발자국 소리도 들릴 만큼 소음에 취약하다. 그리고 새벽에 배달을 할 때 건물내부가 어두워 전등을 켜야 할 경우 사용 후에는 반드시 끄도록 하자. 그렇지 않으면 주민으로부터 항의가 들어 올 수 있다.

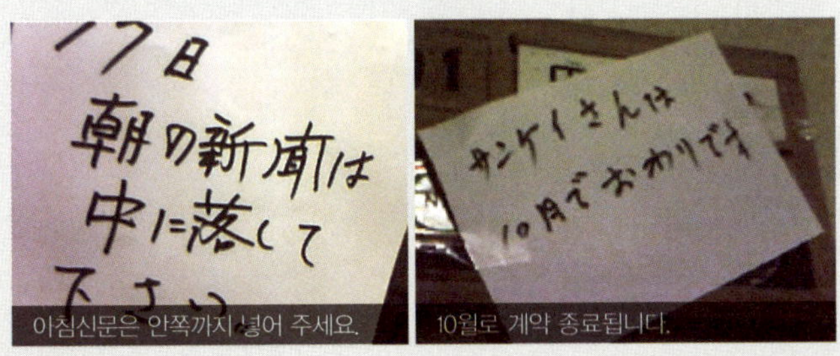

아침신문은 안쪽까지 넣어 주세요.　　　10월로 계약 종료됩니다.

손님들 중에는 이유 같지 않은 이유로 딴지를 걸거나 서비스 구독, 사은품을 요구하는 저질들도 있는데 무조건 머리를 조아리는 모습보다는 상황을 정확히 파악하고 대처하는 자세가 필요하다. 외국인이라고 잘 대해주는 사람도 있지만 무시하며 이용해 먹으려는 사람도 있다. 기억해라! 무조건적인 '스미마셍' 이 능사는 아니다.

11 구역익히기

'미세를 나와서 골목길을 따라 왼쪽 기차건 널목을 건너면 상점가가 보이고 도로를 지나면 첫 번째 맨션…' 벌써 같은 곳을 3바퀴째 돌고 있다. 배달을 시작하면 첫날부터 바로 신문을 잡는 것이 아니고 일을 배우는 견습기간이 주어진다. 이 기간 동안 신장생은 사수와 함께 주로 배달 지역을 외우고 신문이 들어갈 집들을 기억하는 연습을 한다. 하지만 풍경조차 낯선 동네의 구역을 익히는 일은 생각보다 쉬운 일이 아니다. 구역을 익히는 노하우는 개인마다 조금씩 다르겠지만 가장 일반적이고 효과적인 방법은 카라마와리(空回リ: 구역익히기)를 하는 것이다. 카라마와리는 쥰로쵸를 가지고 구역을 돌아보며 길의 순서를 확인하는 작업을 말하는데 반드시 혼자서 반복적으로 해야 효과가 있다.

신문배달을 처음 해보는 사람들이 가장 많이 하는 걱정 중에 한 가지가 바로 '내가 과연 이 많은 집들을 외울 수 있을까?' 하는 것인데 결론부터 이야기하면, 누구나 할 수 있다. 그리고 점장과 이야기를 해 본 결과 이유는 모르겠지만 한국 사람이 비교적 빨리 구역을 외우는 편이라고 했다. 우리는 우리가 생각하는 것보다 똑똑하다. 자신감을 갖자.

시.시.콜.콜 지도를 활용하자

보급소에는 동네 복덕방에 가면 볼 수 있는 '초 울트라 정밀 동네 지도'가 있다. 그 지도를 A4 종이에 복사한 다음 지도 위에 동선을 그려줄 것을 부탁하자. 그 지도를 참고로 동선을 따라 구역을 익히자. 반복만이 해답이다.

12 야스미전쟁(휴무시스템)

아무리 편한 일을 하더라도 1년 365일 휴일 없이 근무를 한다면 어떻게 될까? 누적되는 피곤함에 몸과 마음도 지쳐버리지 않을까? 신문 역시 마찬가지다. 새벽 2시에 일어나 평균 수면 5시간을 유지하며 학업과 일을 병행해나가는 신문장학생에게 야스미가 없다면 모르긴 몰라도 6개월 이상 버티기는 힘들다.

목마른 신장생에게 사막의 오아시스 같은 야스미(休み : 휴일)는 한 달에 4일이 주어진다. 야스미는 조간, 석간을 합쳐서 1일로 계산하는데 미세에 따라서 조간과 석간을 분리해서 사용하고, 야스미를 사용하지 않고 근무 할 경우에는 조간, 석간을 각각 급여로 환산해서 휴일수당으로 받을 수도 있다. 야스미를 나누어 사용 하는 것은 반일 사용을 허락한다는 것이지 8회로 나누어 사용하는 것을 의미하진 않는다.

야스미의 선택일 지정은 작은 미세를 제외하고는 미세에서 직원들의 일정을 고려해 일괄적으로 지정해주는 경우가 많다. 이럴 경우 자신이 자유롭게 휴일을 선택하지 못하는 단점이 있는데, 다행이도 우리 미세는 월말이 되면 어느 순간 붙여지는 야스미 일정표에 스티커로 자기가 쉴 날짜를 정했는데, 무조건 먼저 찜하는 놈이 임자인 아주 평등(?)한 방식을 적용하고 있었다.

야스미는 보통 연속으로 붙여 쓰기는 어려운데 개인적인 사정이 있는 경우에는 점장과 상의를 통해서 받을 수 있다. 나 역시 친구의 결혼식 참여로 5

일간의 휴가를 받아 한국에 잠시 다녀온 경험이 있는데 1달 전에 미리 이야기를 해 놓아서 가능했다. 한 달에 4일 사용할 수 있는 기본 야스미를 제외하고는 유급휴무, 조간휴무, 공휴일 휴무가 있다. 빨간날은 무조건 석간이 없다고 보면 되고 한 달에 한번씩 찾아오는 조간 휴무일은 보통 둘째주 월요일이다. 만약 몸이 너무 안 좋거나 꼭 쉬고 싶은 날짜에 동료가 먼저 지정해 놓았다면 솔직히 이야기하고 변경을 요청해보자. 신문을 전업으로하는 사람들은 야스미에 대한 집착이 그리 강하지는 않기 때문에 대게는 무리 없이 들어주는 편이다. 물론 조그만 성의 표시도 잊지 말자.

야스미를 어떻게 활용하느냐에 따라 유쾌한 신장생과 고독하고 힘든 신장생으로 가려진다고 본다. 휴일을 그저 잠만 자며 보낼 것인지 아니면 일본의 다양한 모습들을 체험하고 즐기며 보낼 것 인지는 온전히 자신의 노력에 달렸다.

조간휴무 – 통상 둘째 주 월요일
석간휴무 – 법정 공휴일, 경축일(빨간날)
기본 야스미 – 월 4회(선택 혹은 지정제)
유급 야스미 – 입점 후 6개월 이후부터 사용가능(8일~10일)
※ 미세의 상황과 점장의 운영방식에 따라 조건이 다를 수 있다.

∷ 특별한 신문휴간일

조간 야스미 노히(朝刊休みの 日 : 조간휴일의 날)는 일본신문협회가 정한 신문휴간일로 신문판매점의 위로 · 휴가를 목적으로 당일 조간 발행을 1일 휴무하는 것을 말한다. 불규칙적으로 시행되어오던 것이 1991년부터 신문휴간일로 공식 지정되면서 현재까지 이어져 내려오고 있다. 통상 둘째 주 월요일을 휴무로하며 상황에 따라 변동되기도 한다.

1월 2일	2월 14일	통상 발행	4월 12일	5월 6일	6월 13일
7월 11일	8월 15일	9월 12일	10월 11일	11월 15일	12월 13일

2011년 신문휴간일(예정)

아파도 울지마

당신은 어디로 가고 있나요?

하늘은 파랗게 물들어 가고

나의 머리는 뿌리부터 메말라 가고 있어요.

비가 오는 것이 좋아요.

바람이 부는 것이 좋아요.

살을 에는 12월의 바람과

가녀린 소녀의 입김이 만나는 그 곳엔

조금.전 당신을 생각해버린

나의 생각이 잠들어있어요.

대답 할 수 있나요?

누군가의 대답이 필요해요.

이곳으로 와 줄 순 없나요?

차가운 음악아 내리는

이곳은 파랗게 타들어 가는

도쿄의 아침

〈群靑日和〉

● 처음 오시는 분들 안내를 도와드리고 있습니다

과잉 친절은 **사기?**

지난 일이지만 어학교 입학식 때 일어난 일이다. 아침 조간을 돌리고 방을 정리하다가 문득 벽에 붙여놓은 종이 한 장에 시선이 갔다. '00어학교의 입학식이 00호텔에서 진행될 예정이오니 신입생 여러분께서는 한 분도 빠짐없이 꼭 참석하시기 바랍니다.' 깜박할까봐 일부러 눈에 잘 띄는 곳에 붙여 놨는데 정신줄을 놓았는지 당일 아침이 되서야 뒤늦게 안내문을 발견했다. 아침저녁으로 신문만 돌리다보니 나사가 반쯤 풀렸었나 보다. 부리나케 아침밥을 먹고 서둘러 가방을 챙겨 집을 나섰다.

내가 다닌 어학교는 닛뽀리에 위치한 아까몽까이 일본어학교赤門会日本語学校이다. 도쿄대를 상징하는 '아까몽까이'에서 따온 이름이지만 처음 들었을 때는 왜 프랑스말을 어학교 이름으로 삼았는지 조금 의아해 하기도 했다.

전철역은 아침이라 사람들로 많이 붐볐고 입학식이 있어서 그런지 한국학생들이 종종 눈에 띄었다. 학교의 위치는 알고 있었지만 입학식 장소가 인근 호텔에서 이루어질 예정이었기 때문에 안내문에 나온 약도를 보면서 역입구를 나서는데 누군가 나에게 말을 건넸다.

“안녕하세요. 처음오시는 분들 안내를 도와드리고 있습니다.”
“그러세요? 안 그래도 약도보고 찾아가려고 했는데 잘 모르겠더라구요.”

바보같은 나, 앞으로 벌어질 일도 모르고 녀석이 주는 미끼를 낼름 물어버렸다. 어쨌든 녀석의 안내를 받아 쉽게 호텔에 도착했고 무사히 입학식을 마칠 수 있었다. 입학식이 끝나고 서둘러 식장을 빠져나오려는데 문앞에 아침에 안내를 도와준 사람이 있었다. 오후에 석간이 있기는 했지만 감사한 마음에 이야기라도 나눌 겸 같이 식사를 하기로 했다.

식사를 하면서 이런저런 이야기를 나눠보니 녀석은 이제 2년차가 되는 어학교 학생이라고 자신을 소개했다. 나도 중국에서 유학생활을 오래 해봐서 알지만 갓 유학을 온 경우 자기보다 먼저 온 사람을 만나면 이상하게 이것저것 묻게 되고 귀담아 듣게 되는 경향이 있다. 나 역시도 예외는 아니었다.

“혹시 볼란티어ボランティア : 무료교육 혹은 교류회에 관심 있으세요?”
“안 그래도 해보고 싶어서 찾고 있었는데, 혹시 잘 알고 계세요?
“볼란티어에 관심 있으시면 다음 주에 저희 동네로 한번 오세요. 제가 소개
해 드릴께요 ^^”

녀석이 선수를 쳤다. 이게 웬 횡재? 일본에 오기 전 볼란티어에 관한 이야기는 많이 들었지만 막상 어떻게 해야 되는지 몰라서 답답했는데 소개를 시켜준다고 하니 바로 약속을 정해버렸다.

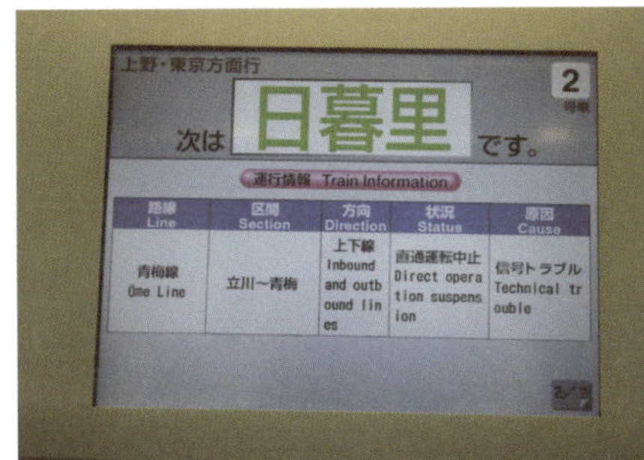

1주일 후, 일요일

약속장소는 한인 타운으로 불리는 신오오쿠보^{新大久保 : 지명} 역에 도착하니 녀석이 손을 흔들며 반갑게 나를 맞아 주었다. 옆에는 친구로 보이는 일행도 함께 있었는데 인사를 나누고 함께 볼란티어 장소로 이동을 했다.

역에서부터 걸어서 25분 만에 드디어 목적지에 도착을 했다. 큰 건물로 들어서자 볼란티어로 보이는 사람들이 둘러앉아서 이야기를 나누는 듯 했다. 녀석은 나에게 번호표를 주면서 한 테이블에 자리를 마련해 주었다. 테이블당 한명의 일본인과 3, 4명의 학생들이 이야기를 나누고 있었는데 간단한 인사밖에 못하는 나는 당연히 대화를 할 수 없었다. 한 10분정도 지났을까? 조금씩 분위기를 파악하고 있는데 갑자기 스터디가 끝나버렸다. 어리둥절해 하고 있으니 녀석이 자리로 다가왔다.

"저희가 너무 늦게 왔나봐요."

이때 짐작을 했어야 했다. 늦게 왔나봐요라니… 다음 주에도 있으니까 다음에 다시 오는 걸로 하자는 녀석의 말에 알았다는 말 밖에 할 수 없었다. 그러고는 나에게 소개해 주고 싶은 것이 한 가지 더 있다면서 나를 2층으로 데리고 갔다. 안 그래도 아까부터 들려오는 오묘한 음악선율에 조금 신경이 쓰였는데 문이 열리자 넓은 강당을 가득 채우고 있는 수많은 사람이 눈에 들어왔다.

"할렐루야!"

바로 느낌이 왔다. 뒤통수를 얻어맞은 기분은 바로 이때 쓰라고 생긴 말인 것 같다. 그때부터 생각지도 않은 청강을 하기 시작했는데 이건 아니다 싶어서 그냥 갈까도 생각했지만 그래도 도움을 받은 것도 있고 해서 일단은 끝까지 자리를 지키기로 했다. 기대했던 볼란티어 활동은 10분 남짓에 설교만 1시간 반을 듣고 나니 기분이 여간 찜찜하지 않을 수 없었다.

녀석에게 다음주에도 다시 오겠다고 말은 했지만 아무래도 내가 있을 곳은 아니라는 생각이 들었다. 그러나 그때부터 시작된 녀석의 끈질긴 전화 연락은 평일은 물론

이고 주말이면 어김없이 걸려왔다. 나는 스트레스를 받기 시작했고 신문배달 핑계를 대보았지만 녀석은 지칠 줄 몰랐다. 결국 내가 선택한 방법은 무시하기.

그리고 뒤늦게 알게 된 사건의 전말은 이러했다. 녀석이 소속 된 교회는 한인계에서도 악명이 높은 극열 포교단체였는데 주로 처음 일본에 온 학생들을 먹잇감으로 하는 곳이었다. 내가 녀석을 만난 그날도 신학기에 맞추어 각 어학교에서 포교활동을 하는 행사일이었다.

이들은 신학기가 되면 역이나 학교 근처에서 도우미를 가장해 여러 가지 도움을 주는데 상대방이 호의를 받아들이면 볼란티어나 일본인 친구소개를 제시하며 자신의 본거지로 데려간다. 문제는 종교자체에 있는 것이 아니라 그들의 활동방법에 있다. 난 종교에 관하여 그 어떤 부정적인 시각을 가지고 있지는 않다. 오히려 정신적으로 안정을 가져다주는 1인 1종교를 찬성하는 편이다. 하지만 종교를 믿는 것은 자신의 선택 안에서 자유롭게 이루어져야 한다고 생각한다.

권유는 할 수 있지만 그것을 받아들이지 않는다고 강압이나 끈질길 정도로 상대방을 괴롭히는 것은 결코 옳다고 생각되지 않는다. 설령 그것이 절대적인 진리라도 말이다. 현재 일본에서는 한국에서 건너온 많은 종교단체들이 활발히 활동을 하고 있고 저마다 세력확장에 온 힘을 쏟고 있다. 의지할 곳 없는 타지의 유학생활에서 종교를 통해 심신의 안정을 찾는 것은 좋은 일이지만 그 점을 이용해 원치 않는 종교생활을 강요하는 것은 사라졌으면 하는 바람이다.

도쿄에서 만나는 정겨운 풍경

일본형 마트의 대명사 돈키호테

● 위기의 순간에 더욱 강해지는 법!

김씨 생존기

　　첫 월급에 산술적 오류가 발생하면서 곧바로 자립생활을 하려던 나의 계획에 문제가 생겨버렸다. 그리고 나에게 남은 돈은 달랑 26,730엔. 허리띠를 조르면 불가능한 것도 아니었지만 날아오기 시작한 핸드폰 요금과 등교에 따른 교통비 증가로 인해 생활고가 커져 갔다.

　　26,730엔을 30일로 나누어 매일 사용가능한 금액한도 안에서 자린고비의 신념으로 버티고 버텼지만 급여일을 5일 남기고 결국, 항복! 안 그래도 신문 때문에 뒤돌아서면 배가 고픈데 먹을 것도 없고 그나마 있던 돈까지 떨어져 버리니 내가 지금 일본에서 무슨 짓을 하고 있나하는 생각마저 들었다. 하지만 일본까지 와서 부모님께 손을 벌리기는 싫었다. 그렇게 고민에 고민을 하고 있는데 문득 5구 동생이 했던 말이 생각났다.

　　다음날 아침, 조간을 준비하던 5구 동생에게 조심스럽게 물어봤다.

　　"저기 저번에 가불도 된다고 그랬던 것 같은데, 어떻게 하면 되요?

　　"뭐 방법이 따로 있는 것은 아니고 텐쵸 기분좋을 때 이야기하면 해줄 거예요."

하긴 어차피 5일 후면 월급도 나오고 몇 만엔 가불한다고 해서 떼일 위험도 없으니 문제 없겠다는 생각이 들었다.

석간을 마친 그날 오후, 부탁을 해야하는 입장이어서일까 나도 모르게 텐쵸의 눈치를 살피고 있었다. 잠시 텐쵸에 대해 설명하자면 사람은 괜찮은데 약간 신경질적인 편이다. 좋게 이야기 할 수도 있는데 꼭 사람 염장을 지른다. 굳이 비유를 하자면 얄미운 시누이라고나 할까? 하지만 표현이 서툴러서 그렇지 잔정은 있는 편이다. 찌라시를 정리하면서 기회를 엿보고 있는데 텐쵸가 웃고 있었다. 드디어 기회가 왔다.

"아노, 춋또 하나시타이 코토가 아리마쓰."
(あの、ちょっと話したいことがあります。저기, 할 애기가 좀 있는데요.)

동생에게 물어봐서 미리 외워뒀다.

"나니?" (なに? 뭔데?)
"좀 급해서 그런데 가불 좀 부탁드리겠습니다."
"가불? 5일후면 월급인데, 무슨 가불?"

갑자기 퉁명한 표정을 짓는다.

"지난번에 10일치 밖에 못 받아서 돈이 없어요."
"아~ 맞다!"

텐쵸는 그제서야 생각이 난 듯 고개를 끄덕였다. 월급에서 빌린 돈을 제하기로 하고 만 엔을 가불 받았다. 물론 차용증도 한 장 썼다. 고맙다고 말을 하고 가려는데 텐쵸가 나를 불러 세웠다.

"기무!('김'의 일본식 발음) 이거 가져가서 먹어"
"이게 뭔데요?"
"코메!"(ごめ)
"고미?"(ごみ) 저 쓰레기는 필요 없는데요."
"고미가 아니고 코메야 코메!" (고미 – 쓰레기, 고메 – 쌀)

그제서야 사태파악을 한 나는 냉큼 쌀을 받아 들었다. 사람은 배가 고프면 부끄러움도 없어진다. 가불로 받은 만 엔과 생각지도 못한 쌀 한 포대를 바이크에 실고 가벼운 마음으로 집으로 돌아 왔다. 텐쵸, 신경질도 자주 부리고 야박한 말로 가끔씩 내 속을 뒤집어 놓긴 하지만 그래도 생각해보면 이것저것 도움을 많이 준 사람이었다.

"아리가토 고자이마시따!" (ありがとうございました! 감사하무니다.)

시.시.콜.콜 가불신청

돈이 급하거나 꼭 필요할 때는 가불을 신청해보자. 물론 돈을 빌리는 상황을 만들지 않는 것이 최선이겠지만 도움을 청할 곳이 없어 속앓이를 하는 것보다는 백배 낫다. 힘들 땐 사정을 이야기 하고 도움을 구하자. 밑져야 본전이다. 적극적인 사람만이 끝까지 살아남을 수 있다.

● 전 바보가 아니에요

빠가데와 아리마셍

옛말에 모르는 것이 약이라는 말이 있다.

안다는 것은 그만큼 신경 쓸 일이 많아진다는 것과도 같은데 일본에 첫발을 내딛게 되면 잘난 사람이건 못난 사람이건 모두 바보가 되어버린다. 바보란 의미는 여러 가지로 해석이 될 수 있겠지만 여기서 말하는 바보는 일본어를 못하는 답답한 외국인을 뜻한다. 신문장학생으로 일본유학을 결정하면서 가장 걱정되었던 부분은 '내가 새벽에 눈을 뜰 수 있을까?' 하는 의구심과 '히라가나도 모르는 내가 과연 일을 제대로 할 수 있을까?' 하는 점이었다.

첫 번째 고민은 생각보다 간단히 해결됐다. 일을 하지 못하면 생활을 할 수 없다는 생존 본능이 아침을 알리는 새벽닭처럼 언제나 나를 일으켜 세웠다. 살기위한 사람의 본능은 무서우리 만큼 강하다.

두 번째 고민은 시간이 모든 걸 해결해 주었다. 기본적으로 신문배달은 노동력이 주가 되는 업무라 언어적인 요구사항은 그다지 높지 않다. 다만 숫자, 날짜, 돈계산 등의 기본 개념만 가지고 있다면 누구나 해낼 수 있는 간단한 일이다.

업무에 필요한 최소한의 언어적 수준은 어학교를 다니면서 자연스럽게 습득되는데 문제는 생각지 못한 곳에서 튀어나왔다. 배달을 하다보면 고객들의 요구사항이나 특이사항을 자주 듣게 된다. 가령 배달시간을 변경한다던가 고객의 사정으로 잠시 투입을 멈추는 경우가 그러하다. 이 경우 상황에 맞게 조치를 취하지 않으면 문제가 되는데 '하이' 와 '스미마셍' 밖에 모르던 내가 내가 어떻게 이런 대처를 할 수 있단 말인가?

내 경우만 해도 처음에는 똥인지 된장인지도 모르고 신문만 돌렸었다. 그저 불착만 내지 않겠다는 생각에 열심히 쥰로쵸를 보고 신문만 넣을 뿐이었다. 실수를 해서 잔소리를 들어도 알아듣지 못하니 기분이 나쁘고 뭐고 없었다. 그저 내 앞에서 얼굴을 붉히며 씩씩거리는 텐쵸를 볼 때면 뭔가 일이 잘 못 되었나 하고 짐작만 할 뿐이었다. 정말 모르는 게 약이었다.

하지만 언어라는 것이 신기하게도 말은 모르더라도 좋은 말인지 나쁜 말인지 정도는 느낌으로 알 수 있다는 점이다. 대한민국 4천 5백만 모두가 알고 있는 국민 일본어 '빠가ばか' 라는 말은 흘러가는 말들 중에서도 왜 이리 귀에 쏙쏙 들리는지. 앞, 뒤 사정은 모르지만 '빠가' 라는 말을 듣고 있는 그 순간의 처량함이란 느껴보지 않은 사람은 절대 이해할 수 없다. 그리고 항상 잔소리의 시작을 알리는 '오마에おまえ。: 너 이놈' 란 말을 들으면 융단폭격의 시작임을 짐작할 수 있었다. 아직까지도 일본드라마나 영화에서 '오마에' 란 단어가 나오면 텐쵸 얼굴이 먼저 떠오른다.

남의 나라에서 신문을 돌리며 유학생활을 하는 것도 서러운데 '빠가' 라는 이야기까지 들으니 당장이라도 때려치고 싶은 마

음은 굴뚝같았지만 그럴수록 참고 견뎌야 한다는 생각이 더욱 강해졌다. 그리고 빠가라는 말보다 더욱 참기 힘들었던 건 그런 말을 듣고 있어도 '하이' 와 '스미마셍' 밖에 할 수 없는 내 모습이었다. 대꾸도 변명도 못하는 진정한 바보. 사람은 치이고 깨지는 순간 더욱 강해진다고 했던가. 천천히 학교 진도만 따라가려 했던 내 마음을 불쏘시개로 쑤셔놓은 것이 다름 아닌 그 '빠가' 라는 말이었다.

'한번만 더 빠가라고 해봐라, 내가 가만 두지 않을꺼야!'

마침 학교에서는 부정문에 대한 수업이 진행 중이었는데 난 머릿속으로 '저 빠가 아니거든요.' 라는 문장을 떠올리며 열심히 수업을 쫓아가고 있었다. 지금 생각하면 유치한 이야기지만 난 어쩌면 텐쵸의 입에서 '빠가' 라는 말이 나오기만을 기다렸던 것 같다. 그리고 그날이 다가왔다. 석간을 무사히 마치고 미세로 복귀했는데 무슨 문제가 생겼는지 텐쵸가 나를 보자마자 속사포 랩을 날렸다.

"오마에! @@!@#^!#&@＄！！！"

못 알아듣기 때문에 기분은 나쁘지 않다. 하지만 그 순간 내 귀에 꽂힌 한마디가 있었으니 바로 "빠가"! 기다리던 순간이 왔다. 바보처럼 '하이' 만 외쳐대던 나를 버리고 그동안의 설움을 한 번에 날려버릴 순간이 온 것이다. 미간에 인상을 찌푸리며, 텐쵸에게 외쳤다.

"와따시와 빠가데와 아리마셍!
(私はバカではありません。)

멋지게 응수를 해줬다고 생각했는데 텐쵸가 나를 비웃으며 한마디를 던졌다.

"얏빠리 빠가쟈~." (やっぱりばかじゃ~)

곰곰이 생각했다. 얏빠리 = 역시나, 빠가쟈 = 바보잖아

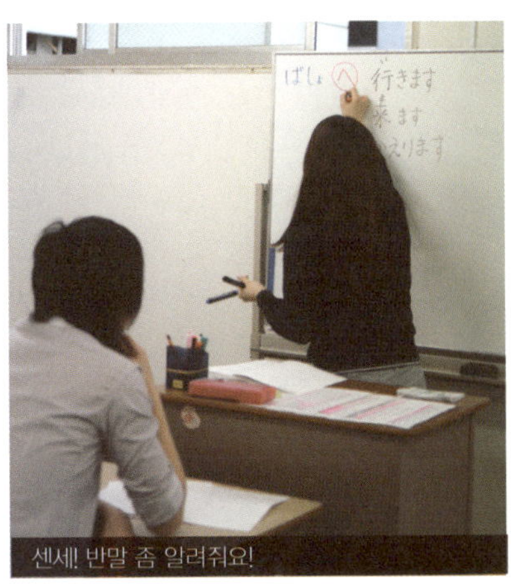

'오.오.오.오.오!!!'

　나는 참을 수 없는 분노와 모멸감을 느꼈지만 이미 텐쵸는 사라져 버린 후 였다. 그리고 생각했다. 도대체 왜 이런 일이 벌어진 것일까? 나는 분명 '저 빠가 아니거든요!' 라고 말하고 싶었다. 하지만 당시 학교에서 배운 부정형은 '+데와 아리마셍 +ではありません'이라는 말뿐이었는데, 우리나라 말로 하자면 '~가 아닙니다.' 정도로 해석할 수 있는 존경형의 부정문이었다.

　결국 나는 "저는 바보가 아닙니다." 라고 아주 정중하게 대답을 해버린 것이다. 정말 바보 같은 말을 하고 말았다. 반말을 안 가르쳐 주는 더러운 일본어학교. 언제나 상냥하게 일본어를 가르쳐주시던 담임선생님이 그 순간만큼은 너무나 저주스러웠다. 물론 그 일은 나를 더욱 독하게 만들어 주는 계기가 되었고 더욱더 이를 악물고 일본어 공부를 했다.

　'전 바보가 아니예요.' T.T

시.시.콜.콜   일본어는 어느 정도 할 줄 알아야 하지?

아침에 일어나 자기 업무만 묵묵히 하는 것이 신문배달이라지만 그 역시 사람이 하는 일인지라 대화가 필요하고 소통이 필요하다. 더군다나 일본땅에서 일본사람들과 섞여 일하는 상황에서 '일본어는 잘하면 잘 할수록 좋다.' 하지만 일본어를 못 한다고 크게 걱정 할 필요는 없다. 신문배달이라는 것이 언어적인 사항을 크게 요구하는 업무가 아니기 때문에 수금을 제외하고는 바디랭기쥐와 날짜, 숫자만 가지고도 대부분 해결된다. 오히려 처음엔 모르는 것이 도움이 될 수도 있다. 일본어를 잘 모르기 때문에 한 가지를 알려주더라도 더욱 세심히 알려주고 모르기 때문에 별로 부끄럽지도 않다. 무식한 놈이 용감하다는 옛말도 있지 않은가?

모르더라도 끈질기게 배우고 익히다 보면 일본어로 싸우고, 웃고, 떠드는 날이 분명 온다. 겁먹지 말자. "하이", "스미마셍" 두 마디만 할 줄 알아도 이미 당신은 충분히 자격이 있다.

● 우리 친하게 지내요. 간빠이!

그래도 **아침은** 온다

"한 달에 한 두번 정도는 술도 먹을 수 있을거예요."

일본에 가기전 나에게 건넨 유학원 관계자의 말이다. 무슨 노예도 아니고 한 달에 한 두번 이라니. 콧방귀를 꼈던 나는 배달이 끝나고 슈퍼에 들려서 맥주를 사먹긴 했지만 한 달이 넘도록 정식 술자리를 갖지 못했다.

우리 미세에는 나 말고도 2명의 한국 학생이 있었는데 이건 뭐 완전 찬밥신세였다. 일본어도 못하고 아무것도 모르는데 신경도 안 썼다. 뭐, 하는 수 있나. 목마른 자가 우물을 파야지. 하나부터 열까지 아쉬운 건 나였고, 모르면 물어서라도 빨리 자리를 잡고 싶었다. 그렇게 시간이 흘러 드디어 제대로 된 월급날이 왔다. 매월 16일!

오늘 만큼은 그간 굶주렸던 나의 내장기관들에게 기름칠을 듬뿍 해주리라 마음을 먹고 미세를 나서려는데 무뚝뚝하던 2구형님이 나에게 말을 건넸다. "괜찮으면 저녁에 같이 술 한 잔 할래요?" 좀 늦은 감이 없진 않지만 듣던 중 반가운 소리였다.

5구 동생과 나, 그리고 2구 형님, 우리의 첫 술자리는 그렇게 시작됐다.

현재시간 저녁 7시 – 집근처 이자카야

2구형과 5구 동생이 그간 미안했다며 먼저 입을 열었다.

"이런 자리를 빨리 갖고 싶었는데 어떤 놈인지 조금 지켜봤어. 미안하다"
"저도 죄송해요. 1달만 하고 그만두는 사람이 많아서 계속 할 사람이면 그때 가서 친하게 지내려고 그랬어요."

나도 중국에서 유학을 하면서 많은 사람을 만나봤다. 그중에서 가장 힘든 것은 남겨지는 것과 사람을 떠나보내는 것이었다. 마음을 조금 주었다 싶으면 떠나가는 사람들. 공허함은 남겨진 사람들의 몫이 된다. 몇 번 그렇게 헤어짐을 경험하다 보면 나중에는 스스로 닫히고 마는 자동문이 되고 만다. 그래서 대부분의 장기 유학생은 단기 유학생과 어느 정도 거리를 두게 된다. 떠날 사람이란 것을 알기 때문에…

"뭐 어찌됐든! 이제는 친하게 지내요! 간빠이!"

현재시간 저녁 8시 – 혈중 알코올 농도 0.03%

가볍게 맥주를 한잔씩하고 종목을 바꾸기로 했다. 우리의 다음 종목은 진로. 일본에서 판매되는 진로는 J&B 크기의 26도 대용량으로 판매되기 때문에 주머니 사정이 가벼운 유학생에게는 가격대비 안성마춤이다. 술과 맛있는 안주 그리고 좋은 사람들. 알코올이 물보다 빠르게 몸으로 펴져나갔다.

현재시간 저녁 9시 – 혈중 알코올 농도 0.08%

숙소에서 혼자 맥주를 마시긴 했지만 술자리는 오랜만이라 약간 오버페이스를 하기 시작했다. 끝이 보이지 않을 것 같았던 소주는 어느새 바닥을 드러냈고 돌아서면 배고픈 20대 청년들은 술안주를 식사하듯이 깔끔히 비워버렸다. 적어도 오늘만큼은 신문배달을 잠시 구석으로 제쳐놓고 술잔을 진하게 기울이고 싶었다. 그리고 귓가에는 화통한 형님의 목소리만 들릴 뿐이었다.

"여기! 진로 한 병 추가요!"

현재시간 저녁 10시 – 혈중 알코올 농도 0.15%

취침시간을 넘어서 나는 꿈나라에서 소주를 마시고 있었다. 가야되지 않겠냐는 나의 말에 형님과 동생은 하루이틀 하는 것 아니니 괜찮다고 했다. 내가 왜 그때 나도 괜찮다고 생각했는지… 난 얼마 되지도 않았는데. 시간은 어느새 11시로 치달았고 우리는 아쉬움을 뒤로하고 자리를 나서기로 했다.

"절대.. 배달..딸꾹! 빵꾸내면.. 안 된다…"
"혹시 못 일어나면… 서로 깨워주기요…"

술자리 종료 – 저녁 11시.

뚜띠띠 뚜뚜~

그 정도로 술을 먹었으면 벨 소리가 안 들려야 정상인데 역시 사람의 정신력이란 대단하다. 정신이 안드로메다로 가있는 공황 속에서도 옷을 챙겨입고 바이크에 몸을 실었다. 눈을 떠보니 벌써 미세에 도착해 있었다. 영화나 드라마에서 보면 몸을 가누지 못하고 비틀대는 장면이 나오는데 내가 꼭 그랬다. 미세에는 할배를 제외하고는 모두 배달을 떠난 시점이라 다행이 걸릴 염려는 없었다. '할배만 조심하면…'

신문을 챙겨들고 출발을 하려는데 냄새를 맡았는지 난데없이 할배가 쫓아 나왔다. 큰일이었다. 난 무조건 다이죠부大丈夫 : 괜찮아요만 외칠 준비를 하고 있는데 쥰로쇼 가져가라고 한다. 난 할배가 좋다. 그리곤 지옥의 취중배달이 시작되었다.

현재시각 3:30 1/4지점

너무 힘들다… 속이 메스껍고 찌라시가 아닌 강철판이 한 장씩 들어있는 것 같다. 배달이 절대 끝나지 않을 것 같은 이 기분… 몸은 무겁고 다리에는 힘이 없다. 하지만 다시 한번 주문을 외워본다.

'자, 힘내자! 난 할 수 있다!'

현재시각 4:00 2/4지점

죽을 것 같다… 서있는 것 조차 고통스럽다. 5층부터 층별로 바닥에 잠시 몸을 뉘었다. '누군가 나를 본다면 신고를 하지 않을까?' 다시는 술을 입에 대지 않겠다는 다짐을 했다.

현재시각 4:40 3/4지점

이렇게 죽는구나 싶었다. 일본에 와서 처음으로 피자를 만들었다. 그것도 옆구리에 신문을 낀 채로. 난데없는 괴수울음에 사람들이 잠에서 깨지는 않을까 소심하게 소리를 내고 있다. 건물마다 왜 수도꼭지가 달려있는지 이제야 알겠다.

현재시각 5:40 4/4지점

고지가 보인다. 끝나지 않을 것 같던 배달도 어느덧 종착지를 향해간다. 이제부터 정신력과의 싸움이다. 술을 조금만 먹어도 학교를 빼먹던 친구녀석이 회사에 들어가고 나서는 고주망태가 되어도 아침이면 멀쩡히 출근하는 모습이 신기했다. 오늘 그 이유를 알았다. 친구 녀석이 보고싶다.

배달종료 6:20

평소보다 20분 정도 늦었지만, 스스로가 대견하다. 형님과 동생은 벌써 마치고 들어간 듯 하다. 무서운 사람들… 앞으로 조심해야겠다. 할배에게 몸이 안좋다는 어필을 하고 서둘러 미세를 나섰다. 눈이 감기고 잠이 쏟아져 왔다. 그리곤 다짐을 하며 잠이 들었다. '다시는 술 먹고 배달 안 할 꺼야!!!'

| 오늘의 교훈 | 음주배달은 죽음이다. 절대금지!!!

● 가장 듣기 싫은 일본어

후차꾸!

뱅글뱅글 돌아가는 'ㄷ'자 구조의 맨션 빌라

외국어를 배우다 보면 가장 좋아하는 말과 싫어하는 말이 생기기 마련인데, 적어도 신문장학생을 하는 1년 동안은 후차쿠란 말이 가장 싫었다. 후차쿠^{不着 : 불착}'는 신문이 안 들어왔다고 독자로부터 전화를 받는 일(넣었다고 해도 어떤 이유에 의해 독자에게 신문이 도착하지 않은 경우도 포함)이다. 불착이 가장 싫었던 이유는 남 탓을 할 수 없다는 데에 있다.

내 담당구역인 1구는 맨션이 주를 이루는 곳인데 위에서부터 뱅글뱅글 돌면서 같은 모양의 도아포스트^{ドアポスト: 현관 투입구}에 신문을 넣다보니 한 두 집을 빼먹기 십상이었다. 처음에는 준로쵸를 잘 못 보고 불착을 내고 익숙해졌을 땐 방심을 하다가 불착을 냈다.

불착이 나면 열이면 열 미세로 전화가 온다. 이때 유의할 점은 반드시 손님께 죄송하다는 말과 함께 신문은 손에서 손으로 직접 전해야 하는 것이다. 아무런 말도 없이 신문만 넣고 온다면 다시 미세로 전화가 오는 불상사가 생길 뿐만 아니라 배달원에 대한 불만으로 계약 파기로까지 이어질 수 있다. 실수를 인정하고 고객을 중시하는 일본의 서비스 마인드를 배운다는 생각으로 반드시 지키도록 하자. 물론 불착을 안 만드는 것이 고객에게 베풀 수 있는 최고의 서비스이다.

나 역시 과도기를 거치면서 횟수가 현저히 줄기는 했지만, 초반에는 사수 할배가 항상 "다이죠부?" 하고 물을 정도였다.

'조만간 나아질꺼야'

스스로 위로도 해보았지만 자꾸만 나오는 불착에 무척이나 스트레스를 받았다. 그도 그럴 것이 전화가 조금이라도 늦게오면 다른 직원이 대신 처리를 해야 했기 때문에 더욱 미안한 마음이 들었다.

물론 쥰로쵸대로 넣으면 불착 날 이유가 없지만 쥰로쵸를 보면서 신문을 넣다 보면 어느 순간 숫자가 춤을 추기 시작한다. 군대에서 야간근무를 설 때 한곳만 계속해서 보면 사물이 움직이는 것처럼 보이는 착시현상과 같은 이치이다. 숫자가 꿈틀대기 시작하면 안 넣은 집도 넣은 것으로 착각을 하게 되고 그러다 보면 불착의 늪에 빠져버리게 된다.

물론 몇 십 부가 한꺼번에 들어가는 아파트라던가 자매지가 추가로 들어가야 하는 주말의 경우는 나 역시 쥰로쵸를 보면서 배달을 해야 했다. 하지만 쥰로쵸를 보면서 돌리는 것과 몸이 기억하고 쥰로쵸를 참고하는 것은 분명히 차이가 있다.

그렇다면 10분 만에 200개의 영어단어를 외우게 도와준다는 '깜빡이 암기법' 처럼 쥰로쵸를 번갯불에 콩 구워 먹듯이 외우는 방법은 과연 존재하는 것일까? 내 대답은 NO 이다. 적어도 내가 아는 한 그런 방법은 존재하지도 않고 있다고 하더라고 굳이 그렇게까지 외울 필요도 없다. 암기에서는 반복

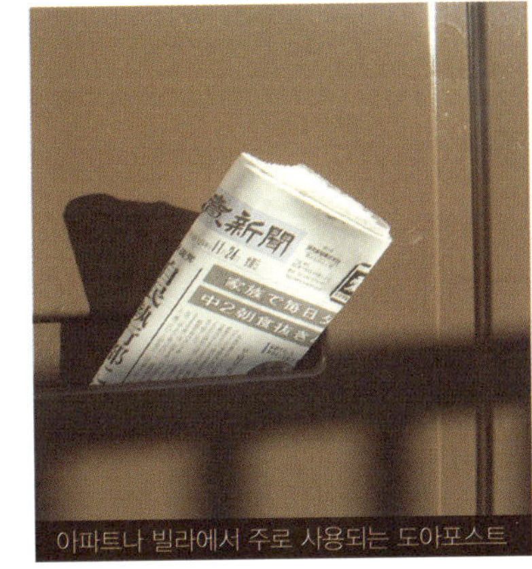

아파트나 빌라에서 주로 사용되는 도아포스트

학습이 가장 중요하다는 말처럼 굳이 외우려 하지 않아도 시간이 지나면 자연스럽게 기억이 된다. 그리고 3달 정도 지나면 쥰로쿄를 보는 것 자체가 귀찮아지기 때문에 누가 시키지 않아도 외워야지 하는 생각이 절로 들게 된다. 머리가 아닌 몸이 기억하게 된다는 표현이 더욱 어울릴 것 같다.

어느덧 불착不着도 없어지고 몸과 신문이 동화되면서 라디오를 듣는 만용까지 저질러 버렸는데 기어코 일이 터져 버렸다. 조간 마지막 집에 신문을 넣고 미세로 돌아갈 준비를 하는데 평소 같으면 1부 정도가 남아 있어야 할 신문이 무려 11부나 남아 있는 게 아닌가!

항상 들고 나오는 부수가 있어서, 이렇게 신문이 남게 되면 무지하게 불안해진다. 대개 이런 경우 순간적으로 지나왔던 배달지역을 떠올리며 복기를 시도하지만 불착이 난 곳이 생각나는 경우는 거의 없다. 그래도 10부 정도라면 실수가 있지 않았을까 하고 생각을 해보았지만 처음 나올 때 수량을 잘못 들고 나왔다고 결론을 내리고 서둘러 조간을 마무리 하고 미세로 돌아갔다. 평소보다 신문이 많이 남은 것을 눈치 챈 사수 할배가 괜찮냐고 물었다. 문제없다고 대답했지만 아무래도 미심쩍은 눈치다. - -;;

다행히 학교를 갈 때까지도 내 핸드폰은 울리지 않았고 '역시나 불착은 아니었어! 라고 마음을 놓고 학교를 갈 수 있었다. 학교

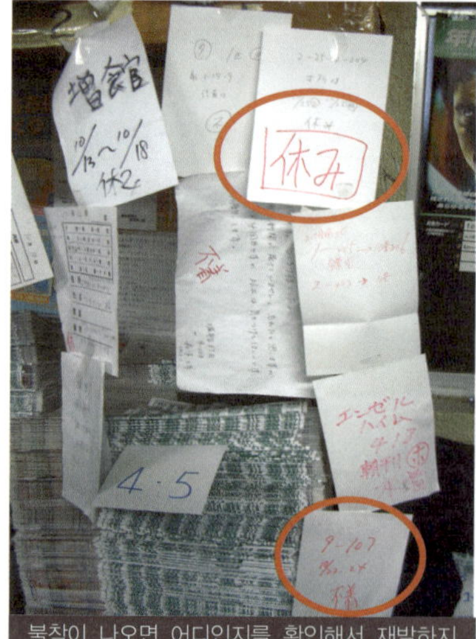

석간불착! 배달 시간 느림!

불착이 나오면 어디인지를 확인해서 재발하지 않도록 해야 한다.

를 마치고 석간을 돌리기 위해 미세로 갔는데, 할배가 옆구리를 툭 찌르며 한마디를 던졌다.

　"너 오늘 한 동 불착 났다!"
　"네?"

　알고 보니, 내가 돌리는 구역 중에 다섯 동이 연달아 붙어 있는 아파트단지가 있는데 그중에 한 동을 통째로 건너뛰고 배달을 끝내 버린 것이다. 럴수럴수 이럴 수가!!! 몸에 익었다고 너무 방심한 것이 문제였다. 불행 중 다행으로 할배가 점장 모르게 조용히 처리해 주어서 별일 없이 넘어갈 수 있었다.

　무려 10부 불착!!! 아마도 앞으로도 영원히 깨지기 힘든 미세의 불명예기록으로 남을 듯 싶다.

　전.불.사_{전설로 불리는 사나이}

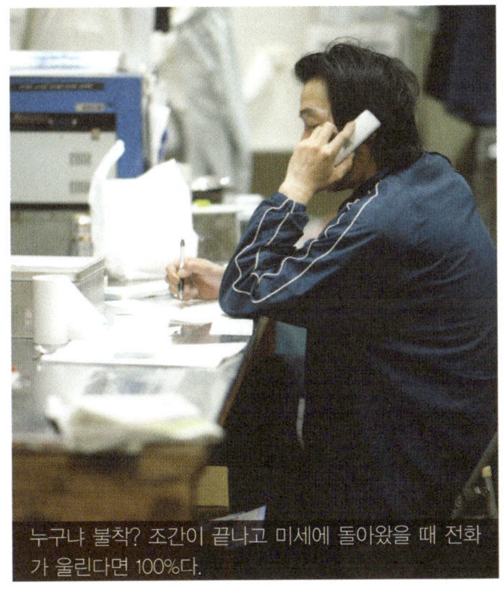

| 오늘의 교훈 | 주택과 다르게 맨션은 자칫하면 한 동을 통째로 불착 낼 수도 있다!

● 돈을 부르는 마법의 주문!

요미우리신분 슈킹데쓰!

드디어, 기다리고 기다리던 대망의 수금이 시작되었다. 주위의 우려를 뒤로하고 그동안의 노력을 꽃피울 순간이 다가왔다.

누가 보면 오버한다고 생각할지 모르겠지만 수금은 분명 커뮤니케이션이 필요한 업무로써 한사람의 당당한 직원으로 인정받을 수 있는 좋은 기회라고 생각했다. 부족하지만 하려는 의지를 좋게 봐서인지 신경질쟁이 텐쵸가 첫날이라고 특별히 신경을 써주었다. 영수증을 아파트 단지 별로 정리해서 수첩을 만들어 주었는데 수금 영수증이 생각보다 얇았다. 텐쵸에게 물어보니 우선은 내가 담당하는 1구역 중 첫 번째 아파트단지만 맡겨 보겠다는 것이었다.

"하이! 감바리마쓰!"(はい! 頑張ります! 잘 해보겠습니다)

우선 할배에게 배운 대로 패키지신문수거지, 달력, 쓰레기봉투를 만들고 지정된 자매지를 한 권씩을 넣었다. 그리고 수금가방과 영수증을 챙겨들었다. 드디어 첫 번째 집 도착! 두둥!

'용기야! 그냥 배운 대로만 하면 되는 거야'

난 그렇게 결전을 앞둔 사람처럼 스스로에게 주문을 외우며 첫 번째 미션의 종을 눌렀다. 띵동~

"스미마셍, 요미우리신문데쓰. 슈키니 키마시따."
(すみません、読売新聞です。集金に来ました。안녕하십니까, 요미우리신문 수금입니다!)

언어라는 게 모두 그렇겠지만 일방적 의사소통은 쉽다. 하지만 상대방의 말을 듣고 알맞은 대답을 해야 하는 상호 유기적인 의사교류는 많은 배경지식과 내공을 요구한다. 쉽게 말해서 책을 보며 달달 외운 문장을 일본사람처럼 말하는 것은 그리 어렵지 않다. 이제부터가 문제였다.

"쵸또맛떼 쿠다사이!" (ちょっとまてください! 잠시만 기다리세요!)

'오호, 들린다! 들려!' 나는 본능처럼 집주인이 나오는 동안 가방에서 잔돈을 꺼내 미리 거스름돈을 준비했다. 다시 문이 열리고! 방긋 웃으며 내게 말을 건네기 시작했다.

"이쿠라데스까?" (いくらですか? 얼마 입니까?)

'오호, 이정도 쯤이야! 자 드디어 학교에서 배운 교과서 일본어의 진수를 보여주는 거야!'

"산젱 큐햐크 니쥬고엔데쓰."
(さんぜんきゅひゃくにじゅごえんです。3925엔입니다.)

마치 짜여진 각본처럼 4000엔을 움켜진 손이 나를 향해 천천히 다가왔다. '하하, 그럴 줄 알고 잔돈을 미리 준비했다구!' 차분히 준비한 거스름돈을 건네고 영수증과 패키지를 건넸다. 그리고 대미를 장식하는 우아한 한마디!

"아리가또 고자이마시타! (_ _)"

이렇게 간단 할 수가! 완벽한 성공이었다. 그런데 조심성이 많은 일본사람이 처음 보는 외국수금원에게 어떻게 신문대금을 아무런 의심 없이 줄 수 있을까?

그 이유는 수금을 시작하기 전 신입배달원의 간단한 소개서를 신문에 넣어서 알리기 때문이다. 내가 한국인이란 것과 키가 190cm란 것까지 알고 있었다. 굳이 키까지 넣을 필요가 있었냐는 내 말에 할배와 텐쵸는 내 키가 너무 커서 손님들이 놀랄 수 있으니 미리 알리는 게 좋다고 생각했단다. 전혀 모르는 사람이 불쑥 찾아가 돈을 요구하는 것이 아니라 소개문을 통해 배달원의 신분을 알리고 수금을 시작하기 때문에 손님들도 나를 반갑게 맞아주었다. 일본이라는 나라, 무서울 정도로 세심하다. 그 뒤로 수금은 순조롭게 이루어졌지만 몇

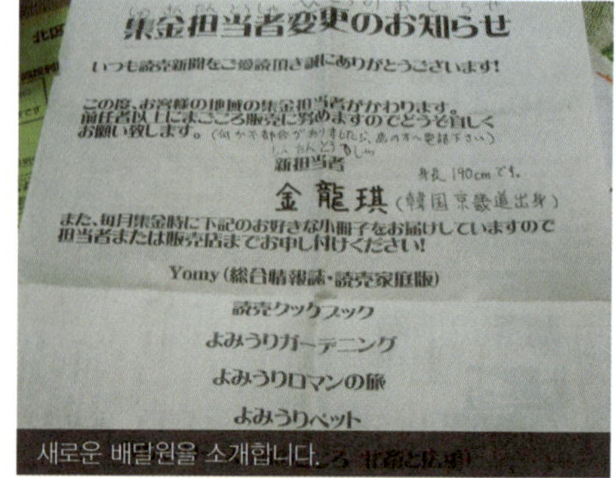

번의 위기도 찾아 왔다.

편의상 대화는 한글로 표기한다.

　“똑똑! 요미우리신문 수금입니다”
　“오~ 요미우리 상! 에또... #@#^#$@! 괜찮겠어?

괜찮겠냐고 물어 보는 것 같은데 무슨 말을 하는지 도통 알 수가 없었다.

　“죄송하지만, 다시 한 번 말씀해 주시겠습니까?”
　“에또, 지금..#%#니까 3일날 #@*% 괜찮겠어?”

오호! 3일이란 말이 들렸고, 무슨 이유 때문에 안 되니까 그날 다시 오라는 말이구나! 학교에서 배운 날짜단위가 드디어 출현하기 시작했다. 영수장에 ‘3일 재방문 요청’ 이라 적어 놓고 다음 집으로 향했다. 그렇게 그날의 수금은 순조롭게 잘 이루어졌고 무사히 집으로 돌아올 수 있었다.

이날 저녁은 다케시 형과 약속이 있었는데 집에 수금가방을 놓아두고 서둘러 집을 나섰다. 그렇게 형과 만나 이런저런 이야기를 하고 있는데 난데없이 전화기가 울렸다.

발신자 〈요미우리신문〉

‘에라~ 모르겠다.’ 수금도 무사히 마쳤고, 별다른 일도 없고 해서 전화를 받지 않았다. 다시 10분이 지났을까? 전화가 다시 울렸고 이상한 생각이 들어 받았더니 텐쵸가 소리부터 질렀다.

“오마에! 어디야! 빨리 안와!!!”

형에게는 미안하지만 양해를 구하고 급하게 자리를 나섰다. 그리고 혹시나 하는 생각에 집에 있는 수금가방을 들고 미세에 도착해보니 어째 분위기가 안 좋았다. 금방이라도 쏘아 붙일 것 같은 표정의 텐쵸와 빨리 와서 앉으라는 할배.

"오마에!!! @#%#!&!#&#!$&#$^$*$%"

텐쵸가 신칸센보다 더 빠른 속도로 속사포 랩을 구사하며 나에게 분노를 표출하기 시작했다. 뭔가 큰 문제가 있다는 것을 직감할 수 있었다. 성질을 내며 쏘아 붙여봤지만 내가 별 반응이 없자 잠시 숨을 고르고 천천히 이야기를 꺼냈다.

"임마! 수금 끝나면 와야 될 것 아니야!"
'어라, 10일이 결산일 아니었나?'

어설픈 일본어로 물어 보기를 수차례, 가까스로 답을 얻어 냈다.

하나. 1차 목표액(85%)까지의 수금액은 당일결산을 원칙으로 한다.
둘.   결산 시 영수증 및 수금액을 그날그날 전액 반환한다.
셋.   특이사항은 반드시 보고 한다.

'누가 알려준 게 있어야지, 들은 얘기가 없는 데 낸들 알 턱이 있나!'

결국 첫날 수금액을 전부 결산하고, 일과를 마무리지었다. 첫 수금치고 꽤 많은 액수라 조금은 마음이 놓인다고 했다. 다른게 아니고 간혹 수금한 돈을 가지고 도망가는 사람들이 있어서 걱정이 되었다고 했다.

'나 참, 내가 갈 곳이 어디 있다고 말이지'

하지만 미세 입장에서는 당연한 일이라고 생각되어 죄송하다는 말을 건네고 문을 나섰다. 텐쵸도 그제야 수고했다며 내일도 부탁한다는 말을 건넸다. 내 생애 첫 수금은 이렇듯 말도 많고 탈도 많았다. 덕분에 께시형과의 저녁 식사는 엉망이 되었지만 말이다.

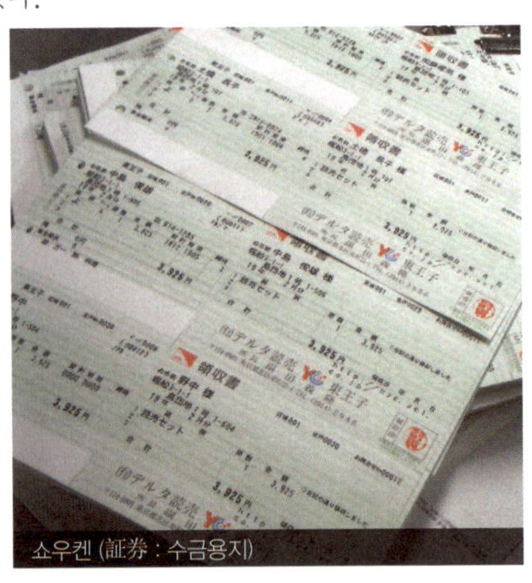

쇼우켄 (証券 : 수금용지)

타케시상, 고메나사이! (タケシさん、ごめなさい。께시형, 미안!)

수금을 시작하게 되면, 개인사정에 때문에 재방문을 요청하는 손님을 만날 수 있는데, 그럴 때는 긴장하지 말고 천천히 귀를 기울이자. 그리고 수금에 사용되는 말도 어느 정도 한정되어있기 때문에 주의 깊게 들으면 반드시 들린다. 만약 못 알아들었다면 다시 한 번 얘기해달라고 하거나 수금영수증을 만들 때 첨부해놓은 메모장에 적어달라고 부탁해보자.

영수장이란 수금을 좀 더 쉽게 하기위한 영수증 수첩으로 보면 된다. 영수증을 지역별로 정리하고 특이사항을 확인 한 다음 앞뒷면에다가 메모지를 추가한다. 수금을 하다 보면 손님의 다양한 요구사항을 듣게 되므로 그때그때 메모지에 적어 놓는 습관을 들이자. 펜도 반드시 준비할 것.

 시.시.콜.콜 수금? 어렵지 않아요!

• 당일결산원칙!

미세마다 하루, 이틀 정도 차이가 있을 수는 있겠지만 대부분은 25일부터 수금을 시작한다. 그리고 31일까지 85% 이상, 5일까지 90% 이상, 10일까지 95% 이상을 달성해야 수금수당이 나오는데 수금액의 3%이다. 수금액은 당일 결산을 원칙으로 한다.

• 성실함으로 신뢰받기

수금은 돈이 오고가는 일이기 때문에 배달원이라 할지라도 신원이 확실하지 않으면 할 수 없다. 일본인의 경우에는 부모님 등이 신원보증을 서기 때문에 문제가 없지만 유학생은 보증자체가 힘들어서 수금을 맡기지 않는 곳도 있다. 수금을 원하지 않는 사람에게는 좋을 수도 있지만 그만큼 신뢰받기가 힘들다는 뜻이 아닐까?

• 황금시간대

수금에도 엄연히 황금시간대가 존재하는데 평일의 경우 저녁 5~8시 사이가 가장 잘 터지는 황금시간대라고 볼 수 있다. 토요일, 일요일은 평일보다 손님들이 집에 있는 확률이 높아서 오전시간부터 수금이 가능하기 때문에 낮 시간을 공략하는 것이 좋은데, D랭크의 손님들도 주말 아침 시간을 활용한다면 대부분 해결이 된다. 손님 별 수금난이도에 따라 A, B, C, D의 등급으로 나눈다(A 최상~D 최하). 하지만 8시 이후에는 방문을 삼가는 것이 좋다. 손님들도 싫어할뿐만 아니라 심하면 미세로 항의전화가 오기도 한다.

항상 하는 생각이지만 신문배달이란 자비유학에 필요한 아르바이트에 불과하다. 황금같은 주말저녁에 늦게까지 수금가방을 들고 거리를 배회한다고 생각해보라. 이 얼마나 우울한 청춘인가? 다시말해 신문에 목맬 필요가 없다는 얘기다. 최소의 시간을 투자해서 최대의 효율을 이끌어내면 된다. 신문 말고도 할 것들이 얼마나 많은데, 이것 하나에만 손이 묶인다면 주객이 전도되는 꼴이 될 것이다.

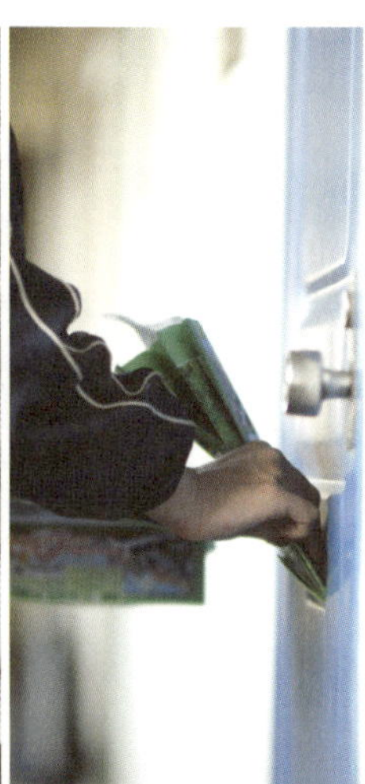

부재중 일때는 패키지를 넣어두어 방문사실을 알린다.

패키지는 일괄적으로 한번에 돌리면 편하다.

● 6시, 6시까지는 무슨일이 있어도...

그대에게 나는
너무도 달콤하여라

　　신문배달은 새벽에 일어나 신문을 돌리는 비교적 단순한 일이지만 교통사고, 불착, 수금 등 생각보다 조심해야 할 점이 많이 있는 직업이기도 하다. 그 중에서도 신문배달을 하는 사람이라면 누구나 주의해야 할 '늦잠' 에 대하여 이야기를 하고자 한다.

　　그날도 기상용으로 사용하는 탁상시계와 핸드폰 알람을 2시30분에 맞추어 놓고 10시 쯤 잠에 들었다. 평소에도 잠은 너무도 달콤했지만 신문장학생 이후로는 더욱 절실했다. 그렇게 꿀맛같은 꿈나라를 헤매던 중 몇 시였을까? 벨 소리에 잠을 깨어보니 알람이 아니라 전화 소리였다. 발신자 〈요미우리신문〉

　　'지금 시간이 몇 시인데 전화를 하는 거야!'

　　불평을 하며 시간을 확인해보니 이런... 벌써 4시를 가리키고 있었다.

　　"스미마셍! 하야끄 이키마쓰!"
　　(すみません! はやく行きます! 죄송합니다! 빨리 가겠습니다!!!)

 전화를 끊자마자 서둘러 미세로 향했다. 미세에 도착해보니 역시나 내 신문만 덩그러니 테이블 위에 올려져 있었다. 출발 준비를 하려고 찌라시를 치려는데 나머지 신문을 가지러 온 2구 형님과 만났다. 대충 상황을 판단한 형님은 허둥대는 나를 보고 괜찮으니까 천천히 하라고 말하셨다. 안 그러면 사고 난다고.

 사고고 뭐고 일단 시간을 맞춰야한다는 생각뿐이었다. '6시까지... 6시까지는 무슨 일이 있어도 배달을 끝내야해!' 그렇게 정신없이 찌라시를 넣고 바이크에 신문을 싣기 시작했다. 그런데 그 순간 빗방울이 한 방울 '똑' 하고 떨어졌다. '어라? 비가 오려나?' 혹시나 싶어서 우천시 사용하는 특대 비닐봉지와 탑시드를 찾는데 개통도 약에 쓰려면 없다고 아무리 찾아도 보이지 않았다. 어디에 뒀는지 물어볼 사람도 없고 모르겠다 싶어 일단 작은 비닐만 챙겨서 출발했다.

 내 구역은 4개의 큰 맨션단지와 작은 주택단지로 이루어져 있는데, 급하게 나오느라 맨션 중 한 곳의 쥰로쵸를 잊고 나왔다.(10분 추가) 일단은 다른 곳부터 돌려야 겠다는 생각에 방향을 돌리는데 이게 웬걸! 하늘이 울기 시작했다. 뚝, 뚝, 뚝, 하늘도 무심하시지.

 일단 미리 준비한 비닐로 신문을 덮었다. 그리고 나서 고민에 빠졌다. '미세로 돌아가 다시 준비를 할 것 인가?' 아니면 '최대한의 빠르게 배달을 마칠 것 인가?' 현명한 결단이 필요했다. '그래 결심했어!' 아직은 비가 많이 내리지 않으니까 빨리 마치면 괜찮을 거란 생각에 다시 배달을 시작했다. 하늘도 내가 가여웠는지 다행히 비가 계속 내리지는 않아서 다시 속도를 내기 시작했다. 배달이 거의 다 끝났을 즈음, 맨션에서 내려다보니 내 바이크 옆에 누군가 있길래 자세히 살펴보니 할배였다. 순간 할배가 저승사자처럼 보였다.

 배달을 마치고 내려와보니 신문이 안 왔다는 전화가 자꾸 와서 직접 와봤단다. 할배에게는 죄송하다는 말을 하고 마지막 배달을 마무리 했다. 그렇게 시간은 흘러 드디어 위기의 아침도 끝나가고 있었다. 미세에 도착해서 정리를 하고 있으려니까 키다상이 날 불렀다.

"용! 어제 술 마셨어?"

"아니요. 술 안 마셨는데요."

"오늘 신문이 조금 늦게 들어갔으니까 신경 쓰자."

"알..앗.. 스무니다." 된장... 춘장...고추장...

회의 시간에 잔소리를 해댈 텐쵸의 얼굴이 떠올랐다. '아...' 짧은 탄식이 입에서 절로 흘러 나왔다. 하지만 그 누구를 탓할 수도 원망할 수도 없었다. 그리곤 다시 한 번 다짐을 했다. 자기 전에 꼭 기상시간을 생각하고 자리에 눕기로. 이등병시절 "기상입니다!"를 외쳤던 그때처럼 말이다.

신문배달 최고의 위기, 그래도 해는 뜨더라.

● 나 너무 힘들어요...

우리 **힘내자**

내일은 한 달에 한번 있는 조간 휴간의 날이라 오랜만에 학교사람들과 술자리를 가졌다. 이런저런 얘기를 나누면서 즐거운 시간을 보내고 역에 도착해 막 개찰구를 나서려는데 주머니 속에 넣어둔 핸드폰이 울렸다. 〈학교동생〉

"여보세요?"

"으으 으으으..."

녀석이 말도 안하고 이상한 소리를 냈다.

"여보세요??"

"으흐흐흐..."

"뭐야, 너 우는 거야?"

"오빠... 흑흑흑"

"왜 그래 무슨 일 있어?

"오빠, 나 너무 힘들어요."

무슨 일인지는 잘 모르지만 왠지 이야기를 들어줘야 할 것 같아서 녀석의 집으로 방향을 틀었다. 녀석은 같은 반에서 공부하는 동생인데, 학기가 시작되고 2주 정도 있다가 우리 반으로 들어왔다. 성격이 털털한 편이라서 금세 친해졌고 알고 보니 같은 배달의 민족이었다. 반갑기는 했지만 여자로서 힘든 일을 하는 것 같아 조금은 걱정이 되었다.

동생은 유난히 결석이 잦았다. 배달일에 아직 적응하지 못하고 있구나 생각했는데 울면서 전화가 온 것이다. 역까지 마중을 나온 동생은 내 얼굴을 보니 부끄러웠던지 머리를 긁적이며 머쓱해했다. 동생도 유학원을 통해 신문장학생으로 왔는데, 어느 정도 각오는 했지만 생각보다 힘이 든다고 했다. 바이크 운전면허가 없어서 자전거로 배달을 하고 있는데, 담당구역에 경사진 언덕이 많아 너무나 힘이 부친다고. 하지만 문제는 다른 곳에 있었다. 동생은 잠을 정상적으로 자지 못했다.

"새벽에 못 일어날 것 같아서 안자고 버티다 보니까. 자꾸 아침에 잠이 들어요."

나 역시 처음에는 내가 과연 새벽에 매일매일 일어날 수 있을까라는 생각을 했었다. 하지만 잠을 안자고 버티는 정도는 아니었다. 학교를 못 나오는 이유가 그것이었다. 이런 저런 얘기를 주고 받다가 저녁에 먹은 술때문인지 화장실이 가고 싶어 양해를 구하고 화장실 문을 여는 순간. 내방 화장실과 꼭 닮아 있었다. 순도 100% 화장실!

1인 1실이라는 유학원의 말만 민

고 왔는데 나와 마찬가지로 샤워를 할 수 있는 공간이 없었다. 코인락커가 있지만 그마저도 공용이라 불안해서 사용하기가 겁난다고 했다. 참 무책임한 사람들… 나는 남자라서 어떡해서라도 해결하면 된다지만 여자는 어떻게 하라고.

학교에서는 그래도 씩씩해 보여서 마음을 놓고 있었는데 여러 가지로 마음고생이 많았던 모양이었다. 사람은 자신의 이야기를 들어줄 사람이 없을 때 가장 외롭고 힘든 법인데 정말 다 포기하고 한국으로 돌아가고 싶어서 마냥 울다가 전화를 했단다. 그래도 같은 일을 하니까 자신의 이야기를 잘 들어 줄 것 같아서.

그렇게 이런저런 이야기를 나누다 보니 어느새 날이 밝았고 조간이 없는데도 불구하고 한숨도 못자고 학교를 가야만 했다. 잠을 못잔 부작용에 무척이나 힘든 하루를 보내야 했지만, 조금이나마 동생에게 도움이 된 것 같아서 마음은 가벼웠다. 나와의 대화가 동생에게 얼마나 힘이 됐는지는 모르지만 동생은 그 뒤로 학교도 잘나오고 전보다 더욱 밝아진 모습이었다.

포기는 언제든지 할 수 있다. 하지만 계속 나아가는 건 지금밖에 할 수 없다. 억울하고 힘들고 속상해도 한 번 미친척하고 덤벼보자. 그래도 안 되면 그때 가서 다른 길을 찾아보자. 그러면 적어도 후회는 없지 않을까?

"동생아! 우리 조금만 힘내자. 아자아자 파이팅!"

시.시.콜.콜   **여자는 안된다?**

여자는 안 된다고 정해놓은 미세는 일본 어디에도 없다. 다만 미세 입장에서 봤을 때 남자들보다 신경 써야 할 부분(기숙사 문제)이 조금 더 존재하기 때문에 다소 꺼려하는 보급소가 있는 것도 사실이다. 여자가 남자에 비해 경쟁률이 높다는 말이 있기는 하지만 어디까지나 이야기일 뿐 정말 생각이 있고 하려고하는 의지만 있다면 누구에게나 기회가 주어지는 것이 신문장학생이다.

● 나 신문배달해요!

반가운 불청객

　　신문을 돌리다보면 같은 구역 내에서 활동하는 배달의 기수들을 만날 수 있다. 내가 담당하는 1구에서는 산케이신문을 돌리던 쌍둥이 형제와 아사히신문을 담당하던 아무개 상이 있었다. 종종 마주치는 사람들이라 목례정도는 하고 지냈는데, 석간을 마치고 온 어느 날 집 앞에 아사히신문사의 바이크가 정차되어 있는게 아닌가. 수금도 아닌데 무슨 일이지 라고 생각하며 집으로 들어가 저녁식사를 위해 제육볶음을 불에 올려놓은 그때!

　　쿵쿵쿵!!! '스미마셍!'
　　'누구지? 찾아 올 사람이 없는데?'

　　문을 열자 아사히 신분야상新聞屋さん: 신문소 사람을 지칭하는 말이 서 있었다.

　　"무슨 일이죠?"
　　"아노, 신문 좀… 해주세요."

　　정말 이렇게 들렸다. 하지만 무엇인가를 부탁하려 쩔쩔매는 듯한 얼굴 표정과 손에 들고 있는 종이의 한자를 보고 대충 감을 잡았다. 계약! 이 무슨 황당 시츄에이션인가! 신문쟁이한데 신문 구독을 해달라니. 짜장면집에서 짜장면을 배달시켜 먹는 이 어이없는 녀석에게 나는 부족한 일본어지만 학교에서 배운대로 이 황당한 상황에 맞춰 적절하게 말을 했다.

"와따시 요미우리신분 하이타츠 시때마쓰!"
(私読売新聞配達してます。 나 요미우리신문 배달하고 있어요. T.T)

처지 뻔히 알면서 왜 그래! 라고 말하고 싶었지만 당시까지도 머리와 입이 따로 놀았다. 그래도 같은 업계 사람이니 알아서 가겠지 생각했는데 나의 오산이었다. "그게 아니고... 계약... 쿠폰... 쏼라쏼라" 오히려 말이 더욱 길어졌다. 그 사이 가스렌지에서는 나의 사랑스런 제육볶음이 '지지직' 소리를 내며 부르짖고 있었다. '어서 이 녀석을 쫓아 내야해!!!' 문 앞에 놓여 있는 신문회수용 봉투와 걸려있는 배달복을 보여주면서 다시 한번 외쳤다!

"나 요미우리신문에서 일해요! 신문 많이 있어요! 아사히신문 필요없어요.
T.T"

정말 완벽한 문장을 구사했는데도 그게 아니란다! 전혀 문제 없단다! 나는 그제서야 무엇인가 녀석의 다른 의도를 감지할 수 있었다. 제육볶음에게는 미안하지만 가스렌지의 불은 잠시 꺼두고 긴장감에 닫혀있던 두귀를 열고 일본어 듣기평가 모드로 돌입하였다.

"무료... 신문... 볼 수 있다."

오호호 무료로 신문을 보게 해준다는 것이군. '일본도 무료구독이 있구나' 공

산케이신문 쌍둥이 형제의 아지트

짜라면 손해볼 건 없지 라고 생각하며 다시 질문을 던졌다.

"한달에 얼마입니까?"
"돈 필요 없습니다"

뭐? 돈이 필요없다고? 그렇게 장장 20분에 걸쳐 녀석과 말하기 듣기 평가를 진행한 후 드디어 진실에 도달하게 되었다.

지금 녀석이 하고 있는 것은 '계약' 이라는 것으로 새로운 곳과의 신규계약을 성사시키면 개인수당 명목으로 수당금을 받는 것이다. 실제 계약 성사와 관계없이 1차 승인 서약을 얻어내면 우선 자기의 할당량을 채울 수 있고 무료구독 기간이 끝나고 정식 계약을 이끌어내면 추가수당을 받는다. 즉 나는 서약을 하면 무료로 신문을 받아서 좋고 녀석은 가계약을 체결해서 좋다. 때마침 다른 신문도 보고 싶었던 나였기에 흔쾌히 가계약에 응했다. 그리고 분명히 내 상황을 설명했다. 나는 10월에 한국으로 돌아갈 것이라고. 7월부터 3개월의 무료구독이 들어가고 10월에 정식 계약하러 오는 걸로 한단다. 그때는 내가 없으니 문제없지 않냐고. 우리나라 사람들만 잔머리가 좋은 것이 아니었다. 그리고 분명히 내 청력레이더에 걸린 맥주 쿠폰에 대해 물었다.

"맥주 쿠폰은 얼마나 줄거요?"

3000엔분 준단다.

"-.- 이거 곤란한데... 나 맥주 좋아하는데..."
"-.-;; 알았다. 7000엔분 줄 테니까 빨리 사인하자"

오호호!~ 할렐루야. '나중에 돈 내놓으라고 하면 어떡하지' 라는 생각에 약간 불안하기는 하였지만 맥주 쿠폰 7000엔을 거부하기엔 맥주를 너무 사랑하는 나였다. '안되면 뭐 쿠폰 값 돌려주면 되지 뭐!' 라고 생각하며 쿠폰을 낼름 받아 들었다. 녀석과의 계약 후 받은 쿠폰으로 정말이지 매일 각종 맥주와 함께 살았던 것 같다. 그리고 더 좋았던 점은 맥주뿐 아니라 다른 제품도 구입 할 수 있었다는 사실! 그 덕

택에 배가 뽈록 나오게 되었지만 말이다.

사실 무조건적인 계약은 하지 않는 것이 좋으나 상황을 잘 파악하고 내용만 정확히 확인한다면 생각지 못한 득템을 할 수 있어서 좋은 점도 있다. 계약은 1차 가계약, 2차 본 계약으로 이루어진다는 사실. 그리고 일본에서도 말만 잘하면 사은품 등을 두둑이 얻어 낼 수 있다.

가난한 유학생이기에 핫뽀슈発泡酒만 사먹었는데 역시 맥주는 비이루ビール가 맛있다는 사실!

다행이 귀국할 때까지도 그날의 계약 건에 대한 재방문은 없었고 마주칠 때마다 인사를 건네는 사이좋은(?) 관계가 유지될 수 있었다. 녀석이 어느 날 당신의 집을 방문한다면! 반갑게 맞아주자~ 단, 내용만은 확실히 확인할 것!

시.시.콜.콜   맥주를 알려줄께. 비이루? 핫뽀슈?

- 비이루(ビール 맥주) – 맥아 사용 비율이 67% 이상인 진짜맥주(씁쓸한 맛이 일품이지만 가격이 비싼 것이 흠)

- 핫뽀슈(発泡酒 발포주) – 맥아의 함유량이 50~25%인 맥주(비이루보다 맥아 함유량이 낮긴 하지만 가격이 저렴하고 깔끔한 맛이 강점)

- 다이산 비이루(第3ビール 제3맥주) – 맥아 이외(옥수수 등) 원료가 함유된 맥주 맛을 기반으로 하는 알코올음료. 단맛이 강하고 가장 저렴함

● 꼭 확인해 둘 것!

카미와케

　오늘은 나의 경솔함으로 몸이 피곤한 하루였다.

　석간신문이 3일 연속으로 80부가 들어왔었기 때문에 확인도 안해보고 대강 바이크에 싣고 배달을 시작했다. 조간이라면 늘상 싣는 무게와 느낌이 있어서 부족하면 쉽게 파악이 되는 편이지만 석간은 워낙 얇기 때문에 그 차이를 느끼기 어렵다. 배달을 약 2/3 정도 끝냈을 때, 대략 60부 정도의 신문이 남아 있어야 하는데 고작 몇십 부의 신문만이 바구니 속에서 흐느적거리고 있는 것이 아닌가? 아뿔싸! 한 꾸러미에 60부였다.

　부수 확인을 못한 경솔함을 자책하며 다시 미세로 발길을 돌렸다. 대략 10분 정도 시간이 추가되었다. 머리가 나쁘면 몸이 고생한다는 말을 또 실감했다. 살며시 텐쵸의 눈을 피해 대강 60부 정도 집어 들고 다시 배달을 이어 갔다. 이미 평균 배달시간 초과.

　그렇게 배달을 거의 다 마쳐가고 대략 10집 정도 남았는데 4부가 부족했다. 신간이 새로 늘면서 4부가 늘어났는데 그만 깜박 잊어버리고 말았다. 이런 바보.

여기서 우리는 아주 값진 교훈을 얻을 수 있다. 자신의 총 부수량은 반드시 숙지하고 있어야 하며 당일 배송되어진 부수 량을 반드시 체크해야 한다는 것이다. 아주 기본적인 사항이지만 신경 쓰지 않으면 나와 같은 어처구니없는, 무려 30분을 초과해버려 텐쵸의 잔소리를 한 번 더 듣게 되는 기분 텁텁한 시츄에이션을 경험하게 될 것이다.

주말의 경우는 자매지로 인해 평일보다 부수 및 종류가 추가 되는 경우가 많으므로 더 주의 하도록 하자!

신문이 도착하면 카미와케(紙分け : 신문분류)를 하는데 이때 반드시 한 꾸러미의 부수를 확인해야 한다. 80부가 포장되어 오는 경우가 가장 많지만 60, 100부로도 배송되는 날이 있기 때문에 부수는 반드시 그때그때 확인을 해야 한다. 꾸러미가 평소보다 두꺼운 날은 100부, 얇은 날은 60부라고 생각하면 된다. 석간은 조간에 비해 신문 두께가 얇고 찌라시가 없기 때문에 배달이 수월한 편이다.

● 난 그저 햄버거가 먹고 싶었을 뿐이라고!!

그 놈은 **무서웠다** Ⅰ

　　새벽에 신문을 돌리는 고단함 속에서도 내가 1년이라는 시간을 기쁘게 생활할 수 있었던 것은 그 속에 다양한 즐거움이 존재했기 때문이었다. 그 중에서도 비싼 고유가 시대에 주유비 걱정없이 이곳저곳 마음껏 돌아다닐 수 있는 바이크가 정말 마음에 들었다.

　　처음엔 불편하지만 스쿠터에서는 느낄 수 없는 수동기어의 묘미와 자전거로는 구현할 수 없는 다양한 보쌈기술까지 처음 한 달은 배달거리와 맞먹을 정도로 왕성한 라이더의 기질을 발휘하며 온 동네를 휘젓고 다녔다. 적어도 사건이 일어나기 전까지는 말이다.

　　그날도 보통 때처럼 석간을 마치고 집으로 돌아왔다. 당시 집에는 냉장고가 없었기 때문에 그날그날 슈퍼에서 먹을거리를 사다놓곤 했는데 그날따라 피자, 치킨이 무척 먹고 싶었다. 도대체 그게 왜 그렇게 먹고 싶었는지…

　　Anyway, 피자를 먹자니 배달은 되지만 가격이 만만치 않고[3000엔], 치킨을 먹자니 내가 사는 곳은 코리아타운과 멀어서 배달이 안 되고, 고민에 고민을 거듭해 당시 할

수 있는 최상의 해결책을 생각해냈다. 그것은 바로 함바가^{ハンバーが : 햄버거}.

　햄버거를 그다지 좋아하는 편은 아니지만 피자와 치킨의 섭취욕구를 만족시킴과 동시에 생활비에 전혀 부담을 주지 않는 착한 가격에^{350엔} 스스로를 대견스러워하며 근처 마끄도^{マクド : 맥도날드}를 향해 바이크에 시동을 넣었다. 한 5분여를 달렸을까 멀리 지하철역이 시야에 들어왔다. 일본의 역근처에는 반드시 코방^{交番 : 경찰서}이 있는데 마침 교통경찰이 교통단속을 하고 있었다.

　〈무사통과를 위한 자가진단 테스트〉

　　헬멧은 착용하였는가?

　　제한속도 30km을 넘지 않았는가?

　　좌, 우회전 신호는 잊지 않았는가?

　　정지선은 준수 하였는가?

　셀프 테스트로 하나하나 확인하며 진입을 시도하는데 경찰 녀석이 아무런 반응도 없었다. 나의 자가진단 테스트가 완벽했나보다. 긴장감을 풀고 매장근처에 도착하자 고소한 치즈빛깔을 연상시키는 마끄도의 M자형 로고가 나를 반겨 주셨다. 노을에 비추는 아름다운 매장안의 풍경과 바깥으로 풍겨 나오는 고소한 치킨버거의 냄새에 난 어느덧 이성을 잃어버렸다. '자! 이제 바이크만 주차시키면 되는 거야!' 마침 매장 앞에는 주차시설이 있었고 바이크를 몰아 살포시 주차를 시켰다. 하

마끄도와 코방의 절묘한(?) 조화

지만 그 순간 어린 시절 추억속에 묻어 두었던 호루라기 소리가 귓가에 들려왔다. 후루루루루!!~

"실례하겠습니다. 교통법규를 위반하셨습니다."
"네? 왜 그러세요? (떠듬떠듬)"
"실례지만, 외국인이십니까?"
"내… 그렇습니다만…" (주춤주춤)
"잠시만 같이 가주시겠습니까?"
"왜 그러신지…" (불안초초)
"간단하게 몇 가지만 조사하겠습니다."

평소 코방이 어떻게 생겼을까 궁금하긴 했지만 햄버거를 사러왔다가 친절한(?) 안내까지 받으며 깜짝 방문을 하게 될 줄은 꿈에도 생각하지 못했다.

"원동기 면허는 가지고 계신가요?"

일본에 도착한 날 교체발급받은 보통자동차면허증을 내보였다.

"오! 한국분이시군요! 겨울연가 너무 재미있게 봤어요!"

한국에 대해 반감보다는 호감을 갖고 있는 듯하여 조금은 마음이 놓였다.

"그런데 안타깝지만 교통규정을 위반하셨어요."
"무슨 말씀이신지…"
"바이크로 #&@#&#&를 하시면 안돼요."

바이크와 안 된다는 말 빼고는 도무지 무슨 내용인지 알아들을 수가 없었다. 조

그들 앞에서 우리는 약자다.

심하라는 말과 함께 교통위반 딱지를 가져 온 경찰관은 종이에 사인하라는 제스처를 취했다. 순간 무엇인가 잘 못 되어가고 있다는 불안감이 날 엄습했고 지푸라기라도 잡아야겠다는 생각에 우선 미세 동생에게 전화를 걸어 간단하게 사정 설명을 했다. 동생과 경관이 약 5분가량 통화한 후 전화를 바꿔줬다.

“형! 시동을 켠 채로 인도로 들어가면 어떡해요!”
“무슨 소리 하는 거야. 난 그냥 햄버거가 먹고 싶었을 뿐이라고! T.T”

일본에서는 바이크로 인도를 진입할 경우 반드시 시동을 끄고 밀고가야 한다는 것이다. 정리를 해보니 도로에서 마끄도로 들어가려면 인도를 지나야 하는데 난 시동을 켠 채로 인도로 진입했고 그것이 교통위반에 해당한다는 말이다. 오토바이나 자전거가 들어가라고 길이 나 있는데 시동을 안 껐다고 교통위반이라니… ‘그걸 내가 어떻게 아냐고!’ 목소리를 높여 기분 나쁘게 웃는 일본 경찰들에게 따져묻고도 싶었지만 어쩔 수 없는 현실에 스스로를 자책하며 딱지를 끊고 코방을 나섰다.

‘한국에서도 구경 못 해본 딱지를 일본에서 끊다니.’ 쓰라린 가슴을 부여잡고 여태껏 먹어본 햄버거 중에서 가장 비싼 6000엔짜리 햄버거를 사들고 시동을 끈 채 바이크를 끌고 집까지 왔다.

‘어쨌든 미션 썩세스! T.T’

신호무시, 과속(30km 미만), 인도 진입 등의 상대적으로 가벼운 교통위반으로 경찰에게 적발된 경우는 교통위법고지서와 범칙금 납부서가 발부된다. 면허를 받으면 최초발급과 동시에 15점이 주어지는데 위반을 해서 벌점을 받게 되면 이 점수에서 감점을 해나간다. 범칙금의 경우에는 1주일 내에 우체국이나 은행에서 해당금액을 지불해야 한다. 만약 일정 기간 내에 범칙금을 지불하지 않으면 범법자로 분류가 되어 형사 재판소로 넘어간다.

● 남의 생일이지만 나도 누리고 싶다고!!

크리스마스 선물

오늘은 크리스마스.

신문보급소와 학교를 오가며 정신없이 하루하루를 지내다 보니 크리스마스가 오늘인지도 몰랐다. 그도 그럴 것이 일본은 한국과 다르게 시내 유명지역의 일루미네이션을 제외하고는 그다지 크리스마스의 분위기가 느껴지지 않는데 가장 결정적인 이유는 일본에선 크리스마스가 공휴일이 아니라는 점이다.

예전 같으면 크리스마스를 좀 더 특별하게 보내는 방법을 궁리 했겠지만 신장생인 올해만큼은 상황이 조금 다랐다. 신장생에게는 무슨 날이냐는 중요하지 않다. 오직 그 날이 빨간 날 일때만 의미가 있을 뿐이다. 왜냐고? 석간을 쉴 수 있으니까! 언제나처럼 조간을 마치고 밥을 먹고 있는데 TV에서 갑자기 캐럴이 흘러 나왔다.

"we wish you a merry christmas, we wish you a merry christmas"

쉬지도 못하는 크리스마스는 별 의미가 없어라고 위안을 삼고 있었는데 캐럴을 듣는 순간 가슴 저곳으로 밀어 놓았던 외로움이 순식간에 나를 휘감아 버렸다.

아, 외로운 크리스마스의 아침이여~ 이별에 아파하는 사람은 세상 모든 이별노래 가사가 자신의 이야기라고 느끼는 것처럼 어제까지 만해도 전혀 눈에 띄지 않던 크리스마스 분위기가 거리 곳곳에서 눈에 들어왔다. 오늘하루 제발 빨리 지나가게 해주세요 기도를 하며 학교에 도착했는데 내 바람은 하늘에 닿지 않았다. 학교 현관에서부터 가득한 크리스마스 장식용품과 그와 관련된 수업내용. 왠지 나쁜 일이 일어날 것 같은 불길한 예감마저 들었다.

그렇게 가까스로 학교를 마치고 석간신문을 돌리기 시작했다. 드디어 마지막 코스. 언제나처럼 석간을 도아포스트에 넣고 있는데 갑자기 문이 열리면서 아주머니께서 나오셨다. 가볍게 인사를 건네고 지나가려는데 나를 불러 세우더니 빨간 봉지를 건넸다.

　"이게 뭐예요?
　"메리크리스마스! ^^"

뜻밖의 선물에 내가 어리둥절해하자. 덕분에 매일 신문을 편안하게 볼 수 있어서 고맙다며 작은 성의라고 말씀을 하셨다. 그리고 아침저녁으로 날씨도 추운데 감기 조심 하라는 말도 함께...

배달을 마치고 집으로 돌아와 두근거리는 마음으로 선물을 열어보았다. '목도리와 장갑' 안 그래도 날씨가 쌀쌀해져 하나 구입하려고 했는데 이렇게 뜻밖의 선물을 받고 나니 따뜻한 아주머니의 마음에 무한감동의 쓰나미가 물밀듯처럼 밀려왔다. 조금 전까지만 해도 우울함으로 가라앉았던 마음이 날아갈 듯 가벼워져 어느새 저절로 콧노래가 흘러 나왔다.

멀리 호주로부터 날아온 또 하나의 예상치 못한 선물

"we wish you a merry christmas ♬.
we wish you a merry christmas ♬"

오바상, 아리가또 고자이마쓰!

선택

　　신문장학생이 일본 유학의 꿈으로 다가 온다는 발상은 조금 위험한 일이 될 수도 있다. 학비, 생활비, 주거 등 자비유학에 필요한 모든 것을 제공해준다는 것은 그만큼의 대가를 지불해야 한다는 뜻이기도 하다.

　　아침에 산책하듯이 일어나서 산뜻한 공기를 마시며 운동한다 생각하고 조간을 돌리고, 점심을 먹고, 소화도 시킬 겸 석간을 돌린다고 생각하면 크나큰 오산이다. 매일 새벽 2시에 일어나 졸린 눈을 비벼가며 바이크에 몸을 싣고 차가운 밤공기에 두 볼이 다 빨개질 정도로 신문을 돌리고 등줄기로 흐르는 땀을 닦아가며 조금이라도 늦지 않으려고 무거운 신문을 들고 뛰어야하는 그런 생활이다. 뒤돌아서면 배가 고프고 잠이 부족해 만성피로에 시달린다. 휴일이면 잠만자는 자신이 싫어지고 친구들이 주말이라고 놀러다닐 때 수금하느라 밤늦게까지 고객의 집을 방문해 문을 두드려야 하는 고된 생활이다.

　　'괜찮아, 운동이라 생각하지 뭐!' 라고 생각하면서도 조금씩 아파오는 다리며 무릎에 점점 지쳐가는 생활이다. 그래도 '할 수 있어, 할 수 있어' 라며 힘을 내다가도 피곤하다는 핑계로 나태해져버린 나 자신을 질책하며 지친 몸을 일으켜야 하는 생활이다. 한국으로 돌아가고 싶다며 힘들어하는 동생도 보았고 신문을 돌리러 일본에 온 것 같다고 자괴감에 빠지는 친구도 보았다.

일본신문장학생 절대 쉽지 않은 생활이다. 그래도… 그래도…

후회하지 않을 자신이 있다면 한 번 해볼만한 생활이다. 내 생에 언제 이렇게 바르게, 또 열심히 살았나 싶을 정도로 욕구를 억눌러가며 하루하루를 쌓아가는 그 기쁨에 오늘도 고맙게 신문을 돌리고 또 이렇게 글을 쓰고 있다. 피곤해 보이는 내 거울속의 모습은 그다지 멋스럽지는 않지만 부끄럽지도 않다.

오늘도 내일도 바뀌어가는 내 모습을 발견하고 있기에…

불착의 미학

To 용기씨에게

안녕하세요. 그동안 잘 지내셨는지요. 용기씨의 불착이야기를 듣고 저도 몇 자 적어 봅니다. 다 아시겠지만 처음 신문배달을 시작할 때 조심할 점으로 첫째 지각, 결근과 둘째 불착(不着)이 있습니다.

새벽2시에 일어나는 것이 생각처럼 쉬운 일이 아니지만 사람의 적응력은 놀라운 것이여서 시간이 지나면 자연스럽게 눈이 떠지게 됩니다. 물론 사람마다 그 기간이 차이를 보이기는 합니다. 처음엔 긴장도 하고 몸도 마음도 팔팔한 상태라서 지각을 하는 일이 거의 없지만, 2~3주 지나면서 슬슬 퍼지는 사람이 생깁니다. 하지만 한번 된통 놀라게 되면 지각 병은 자연스럽게 고쳐집니다. 결근은 절대 있을 수 없는 일이므로 말할 필요가 없겠죠.

언젠가 만났던 사람은 예전에 신문배달을 했었는데 늦잠을 자서 너무 서두르다 그만 전날 신문을 배달해서 큰 소동을 일으켰다고 합니다. 보급소 구조가 어떻기에 그런 일이 발생했는지 모르겠지만 너무 엄청난 사고였기에 염치가 없어서 스스로 나왔다고 합니다. 하지만 이건 정말로 전설적인 이야기이고 지각, 결근으로 문제를 일으켰다는 얘기는 거의 들어 본 적이 없습니다. 극복 가능한 문제란 이야기겠지요.

따라서 신문배달을 하면서 지속적으로 스트레스 받는 일은 사실상 '불착'이란 녀석밖에 없습니다. 불착은 말 그대로 신문을 넣지 않는 불착과, 엉뚱한 신문을 넣는 오착(誤配:고하이)이 있는데, 보통은 통틀어 불착이라고 합니다. 누가 어느 구역에서 불착을 얼마나 냈는지 그래프처럼 기록한 표를 미세에 걸어놓고(영업사원들 영업실적표 같이), 지역구 담당자가 매달 미세에 와서 확인을 하기도 하지만 실제 미세에 걸려있는 표는 가짜입니다.

실제 불착 건수는 별도로 기록하고, 미세에 걸려있는 건 실제보다 숫자를 많이 줄인 '보여 주기용'인거죠.

불착이 너무 많으면 본사로부터 싫은 소리 들으니까 그렇게 하는 것입니다.

어떤 미세는 불착 한 건에 월급에서 1,000엔씩 제한다고 하기도 하고, 또 어떤 곳에선 불착이 5건을 넘으면 휴일을 하루 제한다고도 하는데 어디까지가 진실인지는 잘 모르겠습니다. 아무튼 불착 때문에 스트레스 받는 사람들이 꽤 많은 것만은 사실인 것 같습니다. 제가 일하는 미세는 불착이 5건을 넘으면 1건당 100엔씩 제한다고 하는데 저는 아직까지 그런 경험을 해 본 적이 없어서 정말로 그런거는 잘 모르겠습니다.

불착에 관한한 저는 저희 미세에서 '넘버 쓰리'입니다. 불착을 거의 안 내는 사람이 두 명 있고, 저는 그 다음입니다. 그 두 명은 두세 달에 한 건 정도의 불착을 기록하는 아주 선비한(?) 사람들입니다. 더군다나 한 구역을 담당하는 것도 아니고 구역 담당자가 쉬는 날은 대신해서 배달을 하는 사람들인데도 불착을 거의 안 냅니다. 잘은 모르겠지만 분명히 노하우가 있는 것 같습니다.

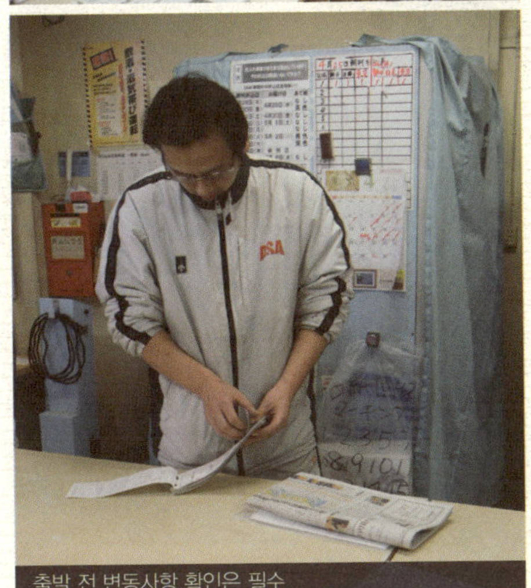

출발 전 변동사항 확인은 필수

작년 12월 망년회 때는 영업을 잘 한 사람과 불착이 적은 사람을 각각 3명씩 선정해서 상금을 주었는데, 저는 일을 시작한지 3달 정도되었음에도 불착이 적은 것으로 3등을 해 오토시다마(御年玉 : 세뱃돈) 명목으로 3천 엔을 받기도 했습니다. 정확히 말하면 3등이 아니라 4등이었는데 불착 적은 사람 1등과 영업 성적 1등이 같은 사람이라서 저한테 3등 상금이 왔습니다. 얻어 걸린 경우라고 할 수 있죠.

불착이 나는 경우는 배달구역에 따라 천차만별이겠지만 저에게 가장 큰 골칫거리는 아사히신문과 닛케이 신문을 잘못 넣는 일입니다. 나머지 신문들은 부수가 많지 않아서 잘못되면 금방 알 수 있지만, 아사히와 닛케이는 부수도 많고 거의 번갈아 가며 넣기 때문에 (보통 아사히 두 부 다음에 닛케이 한 부를 넣는 비율입니다) 잘못 넣는 일이 종종 생기곤 합니다.

공부할 때도 5분 이상 집중하기 힘들 듯이 신문배달도 계속 집중해서 하기가 어렵습니다. 수백 부되는 신문을 배달하다보면 어느 순간 정신이 멍해질 때가 있는데 내가 방금 무슨 신문을 넣었는지 기억이 안 날 때가 생기곤 합니다. 뭔가 이상한 느낌이 들 때는 다시 되돌아가서 확인하는 수밖에 없습니다.

저는 배달을 할 때, 아사히, 닛케이, 도쿄신문을 각각 1부씩 더 들고 갑니다. 혹시 배달을 하다가 신문이 찢어지거나 젖어서 신문이 모자랄 경우 미세에 다시 돌아와야 하기 때문입니다. 그래서 배달이 끝난 후 숫자가 딱 맞아서 신문 3부를 집에 들고 오는 날은 상쾌한 날이고 그렇지 않으면 찝찝한 날입니다.

조간의 경우 아사히신문이 다른 신문에 비해 찌라시가 무척 두껍기 때문에 잘못 넣는 순간, 손끝의 감촉으로도 금방 눈치 챌 수 있지만 석간의 경우는 신문 두께가 비슷해서 잘못 넣기가 쉽습니다. 신문배달을 오래 하다보니 이런 감각도 생기는가 봅니다.

불착을 내면 최소한 3명 이상 귀찮아집니다. 신문 못 받아서 미세에 전화를 거는 구독자, 그 전화 받고 배달 담당자에게 연락하는 사람(담당자가 이미 퇴근한 상황이거나 저처럼 선학생인 경우는 전화 받은 사람이 직접 배달을 해야 합니다), 그리고 불착을 내서 다시 배달하러 나가는 사람! 그렇기 때문에 불착을 전혀 안 낼 순 없지만 모두를 위해서라도 최대한 노력해야 합니다.

너무 긴장하면 오히려 실수하기 쉬워서 불착이 더 많이 생길 수 있으므로 지나치게 스트레스를 받으며 배달할 필요는 없습니다. 신문배달이라는 것이 어떻게 보면 하찮은 일 일수도 있지만, 그래도 기왕 하는 일이라면 '프로페셔널 정신'을 갖고 할 필요는 있어 보입니다. 하찮은 일도 제대로 못 하는 사람은 중요한 일을 제대로 할 리 없을 테니까요.

하여간, 불착은 무척이나 귀찮은 녀석입니다.

도쿄 통신원 아이쯔로부터...

아사히신문은 여러 신문을 취급

서두르면 불착 납니다.

스피드오토세~(감속하세요.)

● ● ● 알고 싶어요 ●

13 알아두면 유익한 일본교통표지판

규칙 표지판

통행금지	차량통행금지	진입금지	원동기 통행금지	자전거 통행금지	보행자 통행금지
일시정지	최고속도	최저속도	서행	유턴금지	추월금지
자전거 전용	보행자, 자전거 전용	보행자 전용	주차금지	주정차금지	시간제한 주차구역
지정방향 외 진입금지		일방통행	진행방향별통행구분	원동기 우회전방법	원동기 작은 우회전

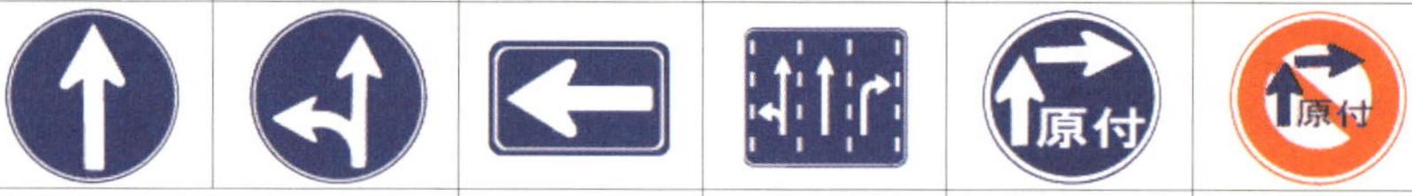

지시 표지판

주차가능	정지선	궤도내 통행가능	정차허용	횡단보도 / 자전거횡단도
횡단보도		표지판 적용시작	표지판 적용구역	표지판 적용끝	표지판 적용끝

주의 표지판

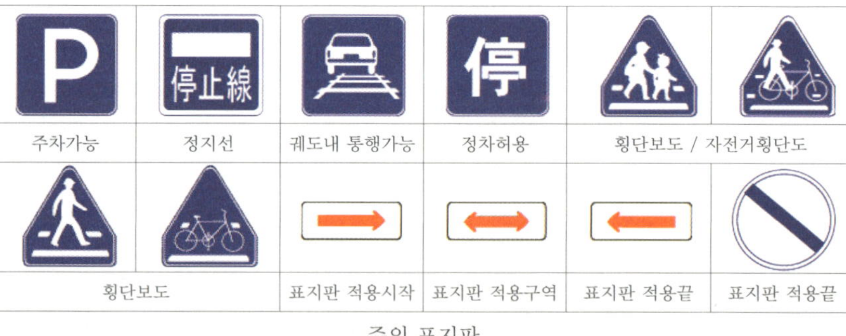

건널목 있음	양방향 통행	학교, 유치원 보육시설 있음	기타위험	공사 중	강풍주의

차량진입금지 – 자전거는 제외

차량진입금지

횡단보도

❶ 끝나는 지점 ❷ 최고속도 30km
❸ 주차금지

❶ 일방통행
❷ 보행자 전용
❸ 자전거는 제외
　 토일 휴일은 제외
❹ 횡단보도

건널목 주의

건널목 주의

자전거 도로

일시정지 . 자전거 횡단지역 – 주의

유치원. 어린이집 있음 – 통학로

❶ 지정방향외 진입금지 – 노면전차는 제외
❷ 궤도내 통행 허용 ❸ 이륜차 제외

❶ 보행자 횡단금지 ❷ 구역 내

도로폭 좁아짐

❶ 진행방향

❷ 진입금지

❸ 최고속도 50Km

❹ 이곳부터 시작

❺ 유턴금지

❻ 이곳부터 시작

❼ 주차금지

14 바이크 완전분석

❖ 출신지 : 일본 혼다

이름 : PRESS CAB 50 '슈퍼바이크' 라 불리는 요 녀석은 1958년 출시 이후 전세계 160개국, 판매누계 육천만대를 가뿐이 넘겨버린 'SUPER CAB' 시리즈 중 하나인 'PRESS CAB 50' 이다(이하 '슈퍼 캡'으로 지칭한다). 이름에서도 알 수 있듯이 SUPER CAB 50은 신문배달에 맞게 최적화 시킨 모델이라 할 수 있다. 일반 바이크와는 다른 차별성을 가지고 있는 녀석의 사용법과 외관에 대해서 한번 알아보자. 팍팍!

❖ 바구니는 기본옵션!

슈퍼 캡 핸들부분에는 직사각형의 넓은 철재 바구니가 달려있는데 누가 신문배달 전용 아니랄까봐 '딱 신문사이즈' 폭으로 제작이 되어있다. 바구니는 생각보다 단단하게 고정되어 있기 때문에 많은 양의 신문도 문제없이 적재할 수 있다. 일명 '신문탑' 이 만들어지는 공간이기도 하다.

❖ 두 개예요! 두 개!

슈퍼 캡에는 바이크 중 유일하게 핸들부분에 하나, 바구니 앞에 하나, 총 두 개의 전조등이 달려있다. 멋있어 보이라고 만든 제품이 아닌 만큼 기능적인 측면에서 그 이유를 찾을 수 있는데 앞에서도 잠시 언급했던 것처럼 한 번에 최대한 많은 양의 신문을 싣기 위해 저마다 바구니에 신문을 높게 높게 쌓게 된다. 그렇게 높은 신문탑을 쌓다보니 자연스럽게 핸들에 위치한 등을 가리게 되었고 안전을 위해서 바구니에 또 하나의 등을 단 것이다. 이보다 더 세심한 신문배달 바이크가 있을까?

❖ 기어변속

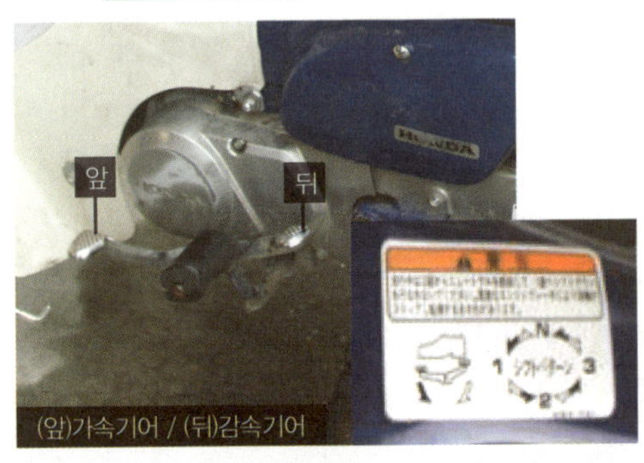

핸들을 당기기만 하면 되는 스쿠터와는 달리 슈퍼 캡은 기어 변속이 가능한 바이크이다. 기어변속이라면 힘들 것이라고 지레 겁을 먹겠지만 생각보다 간단하고 장점이 많다. 기어 변속은 왼발로 하게 되는데 N(중립), 1단, 2단, 3단으로 변속 할 수 있다. 각각의 기어는 순차적으로만 변속이 가능하므로 반드시 변속기어의 흐름을 알아 둘 필요가 있다.

중립을 기준으로 기어페달의 앞(앞꿈치)을 밟으면 단수가 올라가고 뒤(뒤꿈치)를 밟으면 단수가 내려간다. 예를 들어 2단에서 감속기어를 밟으면 1단으로 내려가기 때문에 브레이크를 밟는 것과 같은 감속효과를 가지고 온다.

하지만 주의할 점은 속도가 빠른 상태에서 기어가 내려가면 체인이 타이어에 감겨 전복될 위험이 있다. 2단에서 1단으로의 변속은 크게 문제가 되지 않지만 속도가 빠른 3단에서 2단으로의 감속은 맨땅에 헤딩을 유발할 수 있으니 가급적 하지 않는 것이 좋다.

∵ 시동 / 브레이크

(뒤)시동페달 / (앞)뒷바퀴 브레이크

오른편에는 엔진을 돌리기 위한 시동페달과 뒷바퀴 브레이크가 달렸다. 시동페달은 말 그대로 시동을 걸 때 사용하는 페달로써 위에서 아래로 힘 있게 밟아주면 엔진에 시동이 걸린다. 나도 처음에는 시동이 잘 걸리지 않아서 무척이나 고생을 했었는데 몇 번 밟다보면 감이 오기 때문에 그리 걱정할 필요는 없다. 단, 일시정지 후 재시동을 걸거나 반바지를 입고 바이크를 탈 경우는 머플러에 의한 화상에 주의해야한다.

시동페달의 앞에는 바이크 정차 시 자주 사용되는 뒷바퀴 브레이크가 있다. 처음 배울 때부터 뒷바퀴 브레이크를 메인으로 생각하고 가급적 앞바퀴 브레이크는 사용하지 않는 편이 좋다. 초보자 일수록 핸들에 위치한 앞바퀴 브레이크를 이용하는 경우가 많은데 이는 무척이나 위험한 행동이다. 앞바퀴 브레이크를 이용하는 것이 습관이 되면 골목에서 갑자기 자전거가 튀어나온다거나 급정지를 해야 할 경우 무의식적으로 발이 아닌 손으로 브레이크를 잡게 된다. 내리막길에서 앞 브레이크를 잡아 본 적이 있는 경험자가 하는 이야기인 만큼 꼭, 반드시, 무조건! 마음속에 새기길 바란다. 브레이크는 당기는 것이 아니라 밟는 것이다. 맨땅에 헤딩… 당해보니 그다지 말처럼 웃기지 않다.

∵ 핸들

이번엔 핸들 부분을 살펴보도록 하자. 왼쪽 핸들에는 조명과 경적 그리고 쵸크를 사용하는 스위치가 달려있는데 쵸크란 것은 겨울철 기온이 낮아져

울지 않는 넌 누구냐?

서 엔진에 공급되는 기름이 부족할 때 평소보다 많은 양의 기름을 엔진으로 보내기 위해 사용하는 장치이다. 다시 말해 시동이 잘 안 걸릴 때 사용하는 긴급처방전인 셈이다. 하지만 쵸크를 열어둔 채로 주행을 하게 되면 엔진에 과부하가 걸릴 수 있으니 사용에 각별히 유의하도록 하자. 인수인계를 받을 때 설명을 들어서 알고 있었지만 실제로 사용을 해 본 적은 없다.

그리고 생각해보면 신기했던 것이 바로 크락션이다. 1년을 살면서도 한 번도 들은 적 없고, 한 번도 사용해 본 적 없는 이 노란버튼, 아마도 일본이기에 가능하지 않을까 싶다.

﹡﹡ 안장

햇볕이 좋은 날은 무척 뜨거워지는데 출발 전, 수건으로 잠시 덮어놓으면 한결 나아진다.

푹 꺼진 안장을 볼 때면 축 늘어진 엉덩이를 보는 것 같아 마음이 아프지만 그래도 밀착감이 좋아서 생각보다 편안하다. 다만 주행 중에 땀이 잘 찬다는 치명적인 단점이 있다. 그럴 때는 엉덩이를 들썩거리면서 땀 빼기를 해주면 꽤나 시원하다. 들썩들썩~

가죽이 아닌 비닐재질이라서 조금만 관리를 잘 못하면 찢어지는데 비라도 오면 물이 스며들어 앉을 때 엉덩이가 젖게 될 수도 있으니 커버를 구입해서 사용하는 것도 유용한 방법일 듯 싶다. 100엔 샵에서 구입 가능하다.

﹡﹡ 연료탱크

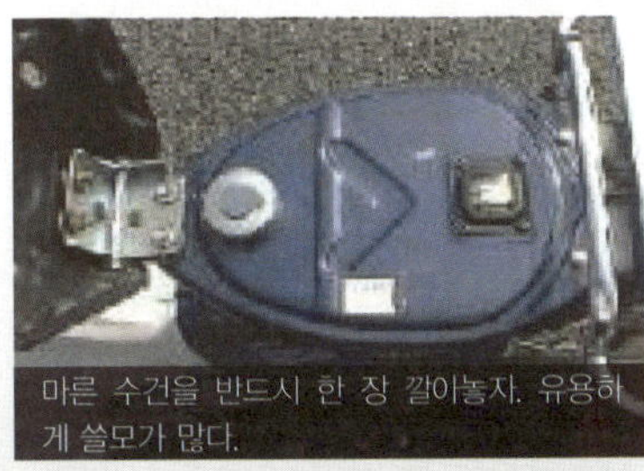
마른 수건을 반드시 한 장 깔아놓자. 유용하게 쓸모가 많다.

안장을 들어 올리면 연료탱크가 위치해 있으며 기름투입구와 게이지를 볼 수 있다. 눈에 보이지 않기 때문에 기름 채우는 것을 잊고 있다가 배달 직전에서야 알게 되는 낭패를 종종 겪게 된다. 그럴 때는 뽁뽁이를 이용해 동료의 기름을 조금만 빌리

자. 워낙 연비가 좋은 녀석이기 때문에 4~5번의 펌프질만으로도 배달은 문제가 없다. 보통의 자동차가 1리터의 가솔린으로 20km를 달린다면 슈퍼 캡은 무려 100km의 거리를 주행할 수 있기 때문에 4리터의 탱크를 만땅(満タン : 가득)으로 채우면 3~4일 정도는 문제없다고 보면 된다(하루 평균 주행거리에 따라 달라질 수 있다).

∵ 센터스탠드(중앙스탠드)

센터스탠드는 세차할 때나 차량 정비 시 주로 사용된다. 간혹 초보자의 경우 측면 스탠드를 사용하면 바이크가 옆으로 기울어진다는 이유로 센터스탠드를 사용해서 신문을 싣는데 앞에서 언급했듯이 정말 어리석은 행동이다. 마치 시소처럼 앞쪽에 쏠려있던 무게중심이 일정무게를 초과하면 뒤로 넘어져버리는데 백이면 백 신문이 바닥에 내동댕이 쳐지고 만다. 실제로 본적이 있으니 자제하기 바란다.

∵ 펑크 및 수리

혼다 홈페이지에 가보면 화려한 수식어들로 펑크방지를 위한 최첨단의 공법이 사용됐다고 하지만 2달에 한 번꼴로 발생하는게 바로 펑크이다. 일본 말로는 빵꾸!(パンク : 펑크). 200~300부에 이르는 신문에 사람무게까지 견디며 매일 운행을 하다 보니 제아무리 첨단과학이라고 해도 이상이 생기는 게 당연하다. 평소보다 바이크가 내려앉는 느낌이 나거나 앉았을 때 바닥으로 꺼지는 느낌이 난다면 펑크를 의심해 봐야한다. 보통은 가까운 곳에 전담을 해주는 수리점이 있어서 바이크에 문제가 생기면 텐쵸에게 보고하고 수리를 맡기면 된다.

슈퍼 캡은 신문전용으로 제작된 바이크라서 그런지 내구성이나 연비 면에서는 비교대상이 없을 정도로 탁월한 성능을 자랑한다. 내 경우 수도 없이 넘어지고 부딪혔지만 펑크를 제외하고는 그다지 별 문제가 없었다. 비록 개인용품은 아니지만 신문배달을 하는 기간 동안만큼은 내 애인이라고 생각하고 소중히 다루도록 하자.

:: 주유비

바이크에 대한 주유 비는 미세에서 전액 부담을 하게 된다. 근처의 주유소와 협의 하에 후불식으로 주유비를 지급하게 되므로 주유소에 가서 신문사 이름만 얘기하면 언제든지 공짜로 넣을 수 있다. 물론 영수증은 제출해야 한다. 1년 동안 기름을 많이 썼다느니 하는 딴지는 받아 본 적이 없다. 하지만 그렇다고 바이크로 왕복을 자주 뛰었다가는 우리의 적 케이사츠캉(警察官 : 경찰관)에게 봉변을 당할 수 있음을 잊지 말아야 한다.

● ● 알고 싶어요 ●

15 수금이란?

∶ 개념파악하기

수금의 여부는 미세의 규모에 따라 나뉘는데 규모가 크고 전문 수금요원이 있는 경우라면 신문장학생에게는 배달업무만 주어진다. 하지만 작은 규모의 미세는 각 구역 담당자들이 배달과 수금을 겸하는 경우가 많다.

과연 수금은 뭐하는 녀석인가? 당시 2년차였던 하늘같은 5구 형님께서는 "수금은 신문배달의 꽃이다!" 라는 전설적인(?) 말씀을 남기셨는데, 우리에게 수금은 그저 돈을 받으러 다니는 추가급여를 위한 과외활동일 뿐이지만 신문사 입장에서는 일련의 과정을 마무리하는 가장 중요한 업무이다.

수금 100% 달성시 3%의 수금액을 받을 수 있다. 즉, 수금수당은 담당구역의 손님수에 비례한다. 물론 100% 수금은 블랙리스트들에 의해 거의 불가능하다. 여기서 잠깐, 만약 95%를 넘긴 상태에서 몇 집의 수금이 남았다고 한다면 수금수당은 100%가 되지 않는 한 동일하기 때문에 한 두집을 위해 밤, 낮으로 뛰어다닐 필요는 없다. 그리고 군대를 가본 남자들은 누구나 동의하겠지만 어떤 내무반이던 고문관이 반드시 존재한다. 신문역시 스페셜리스트들이 분명히 나오기 마련이다. 그런 집들은 체크 해두고 기회를 봐서 수금을 완료하자.

〈수금 계산법〉
수금수당은 어떻게 계산 되는 것일까? 손님의 수(영수증)를 100이라고 봤을 때
1차 수금액 85% 달성 시 – 1%
2차 수금액 90% 달성 시 – 1.5%
3차 수금액 95% 달성 시 – 2%

시.시.콜.콜 수금의 장단점

■ 수금! 이런 점이 좋아요!

첫째. 급여가 늘어난다.

물론 "나는 돈을 벌자고 일본에 온 게 아녜요."라고 반문하는 사람도 있겠지만 돈을 벌자고 신문장학생을 신청하는 사람이 과연 몇이나 될까? 하지만 유학생활에 있어서 금전적인 여유로움은 몸과 마음에 안정을 가져다주기 마련이다. 배달부수와 신문사에 따라 조금 달라질 수 있지만 대개의 경우는 수금 수당으로 약 3만 엔가량을 추가로 받을 수 있다. 적은 금액이라고 생각할지 모르겠지만 이는 유학생 평균 생활비인 5∼6만 엔(방값은 제외)의 절반에 해당하는 꽤나 큰 금액이다.

둘째. 다양한 일본 사람을 만날 수 있다.

수금을 하면 일본어에 도움이 된다는 말도 일리는 있지만 그보다 더 좋은 점은 수금을 통해 제한적이기는 하지만 일본인들의 생활모습을 간접적으로 경험해 볼 수 있다는 점이다. 무릎을 꿇고 반갑게 맞아주시는 인자하신 할머니에서부터 방안 가득 쓰레기로 차있는 '히키코모리' 느낌의 아저씨까지 TV와 영화에서만 보던 다양한 일본인들과의 접촉을 통해 일본어는 물론 그들의 사고방식과 생활습관까지 알 수 있는 매우 유용한 기회이다. 그밖에도 서비스 마인드, 접객방법 등 자연스럽게 배울 수 있는 것이 많다.

■ 수금! 이런 점은 힘들어요!

일을 더 해야 한다. 돈을 더 받는데 일을 더하는 것은 당연하다. 하지만 수금으로 인해 많은 시간을 뺏길 것이라 생각하겠지만 꼭 그렇지는 않다. 수금기간은 대략 10일 정도인데 실질적으로 시간을 온전히 수금에 투자해야하는 기간은 3∼4일 정도에 불과하다. 그 후로는 틈틈이 추가적인 관리만 해주면 된다.

많은 사람들이 수금에 대해 부정적인 이미지를 가지고 있는데 수금자체가 나빠서라기 보다는 이해가 부족하기 때문이라고 생각한다. 수금에도 장. 단점이 분명히 존재하므로 정확한 정보를 습득한 상태에서 자신에게 맞는 선택을 하는 것이 중요하다.

● ● 알고 싶어요 ●

16 수금 삼총사

❖ 수금을 위한 준비용품

기본용품 – 수금가방, 수금용지

서비스용품 – 티켓, 세제, 휴지, 수건 등

패키지 – 신문수거 종이봉투, 쓰레기봉투, 달력, 자매지

❖ 증권(証券 : 쇼우켄)

증권에는 수금에 필요한 금액, 신문종류, 주소, 이름 등의 중요한 정보들이 적혀있고 좌측 한켄(半券 : 반권/점포납입용)과 우측 료슈쇼(領收書 : 영수증/고객용)로 나누어져 1장을 이루고 있다. 반권 역시 영수증과 동일한 효력을 지니기 때문에 현금같이 소중하게 다뤄야하는 중요 자산이다. 반권에는 영수증과는 다르게 수금원을 위한 고객정보가 적혀있는데 고객등급, 알림사항, 서비스 품목 등이 적혀있어 보다 원활한 수금을 돕는다.

증권은 개인별 담당구역의 부수대로 받게 되는데 수금이 처음일 경우는 적은 양에서 시작해서 점차 늘려가는 것이 보통이다.

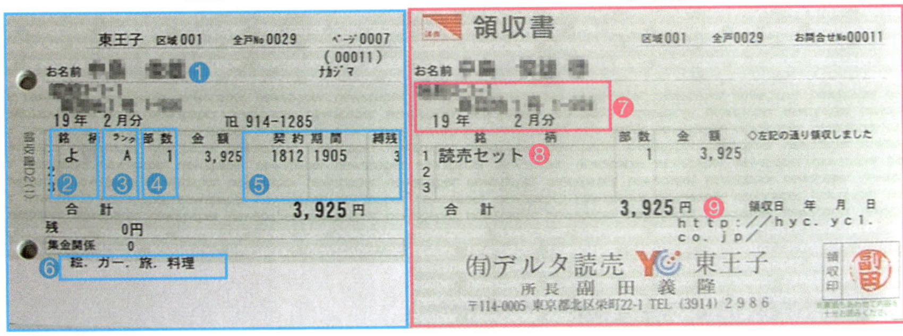

❶ 이름(한자)

❷ 구독지 : 요미우리(ょ), 스포츠(す), 신문의
앞 글자를 따서 표시

❸ 랭크 : 고객의 신용 등급을 표시
(A 최상~D 최하)

❹ 부수 : 구독지 부수(요미우리와 스포츠지를
함께 구독하는 가정도 많다)

❺ 계약기간

❻ 특이사항 : 서비스용품, 티켓 등

❼ 주소와 수금해당 월

❽ 구독형태 : 조간, 석간, 세트(조석간)

❾ 금액 : 개별 구독료 및 총 구독료(수금 시 주의 요망!)

- 이름

  일본어는 히라가나, 가타카나 그리고 한자 이렇게 3가지 표기법이 있는데
  히라가나와 가타카나는 그저 발음 나는 대로 읽고 쓰면 되지만 한자는 글자
  의 히라가나(발음)를 외우지 않으면 읽을 수 없다. 수금을 위해 이름을 꼭 외
  워야 하는 것은 아니지만 상황에 따라서 수금지가 맞는지 비교를 해야 하는
  경우도 있으므로 이름을 읽는 연습을 하는 편이 좋다. 어려운 한자이거나
  발음을 모르는 경우에는 문패에 적힌 영문이름과 비교하거나 반권의 한자
  이름 오른쪽에 적혀있는 가타카나를 참고하면 된다. 공부 한다는 생각 보다
  는 한자와 익숙해진다고 생각하면서 읽어 나가면 어느새 한자이름을 줄줄
  읽는 자신을 발견하게 될 것이다. 공부 할 시간 부족하다고 핑계대지 말자.

- 특이사항

  이곳에는 고객이 원하는 서비스 용품, 희망 부록지 등을 적는 란인데 가장
  인상 깊은 것은 손님이 희망하는 수금일자를 지정할 수 있다는 점이다. 매
  달 25일부터 15일까지 수금기간이 정해져있기는 하지만 개인마다 집에 있

는 시간이 다르고 집을 비우는 경우도 많기 때문에 수금을 하는 사람이나 기다리는 사람모두 허탕을 치는 경우가 많다. 이런 문제를 방지하기 위해 손님과 방문일자를 미리 상의하는 것이다.

❖ 거스름돈(つり錢 : 쯔리센)

고객에게 대금을 받고 잔돈을 건네기 위해선 거스름돈이 필요한데 이 돈을 '쯔리센' 이라 부른다. 쯔리센은 자기 돈으로 하는 것이 아니라 수금을 시작하기 전날 신문사로부터 돈을 빌리는 형식으로 제공받게 된다(차용증을 적게 된다). 이것을 가방에 종류별로 담으면 거스름돈 준비는 끝나게 된다. 수금액은 당일정산이지만 거스름돈은 수금이 끝나는 날 전액 반환해야 하므로 하루하루 맞춰보는 것이 좋다.

❖ 패키지(パッケージ)

패키지는 수금을 하면서 손님에게 주는 기본용품으로서 신문회수봉투, 쓰레기봉투, 기본별책잡지, 달력이 한 세트를 이룬다. 수금을 시작하기 전에 패키지를 미리 만들어 놓아야 좀 더 신속한 수금을 할 수 있다. 손님이 더 원할 경우는 추가로 지급하기도 한다. 그밖에 세제, 휴지 등의 서비스 용품과 무료로 지급되는 부록책자, 서비스 티켓 등이 있다.

17 나는 니가 **참 좋아** (티켓 기본)

※알림 – 본 편은 낭비되는 문화자원의 활용방안에 대한 글임을 알린다. ㅋㅋ 용기 생각

수금을 하면 어떤 좋은 점이 있을까? 돈도 벌수 있고, 일본어로 말할 기회가 생긴다는 여러 가지 장점이 있지만 수금이 매력적인 진짜 이유는 바로 티켓에 있다.

수금을 시작하면 개인별로 잔돈, 영수증, 서비스켄(サービス券 : 서비스티켓)이 지급된다. 서비스켄은 신문사에서 손님에게 제공되는 문화생활 이용권으로 스포츠, 미술, 음악, 영화, 놀이 등 거의 모든 분야가 제공 된다고 해도 과언이 아니다.

하지만 무료로 나누어주는 티켓이라고 그저 할인 쿠폰이나 값싼 입장권정도로 생각하면 큰 오산이다. 클림트, 루소, 피카소 등 세계유명 화가들의 미술전시회에서부터 전통 가부키 공연, 박람회, 온천입욕권에 이르기까지 가격으로 따져도 2000~3000엔에 이르는 값비싼 티켓들도 즐비하다. 서비스켄은 신문사의 재력과 비례하는데 일본의 3대 신문사 중 하나인 요미우리와 아사히신문의 서비스켄이 비교적 좋은 편이다.

요미우리신문은 일본 최대 신문사답게 가장 다양하고 고품질의 티켓을 제공하는데 그중에서도 백미는 대한민국 4번 타자 이승엽이 활동했던 요미우리 자이언츠의 야구 관람권이다. 야구 관람권에는 지정좌석권과 자유교환권 2종류가 있다. 지정좌석권의 경우는 1, 3루의 1층 좌석이 배정된 티켓으로 가격이 무려 4000엔에 이르는 고가권으로 텐쵸가 직접 배부하거나 고객에게 판매되므로 배달원의 손을 거치지 않는다. 그에 반해 자유교환권은 1, 3루의 2층 좌석을 당일 선착순으로 자유교환해주는 티켓으로(가격은 2500엔 정도) 지급이 약속된 경우라면 영수증에 지정된 대로 손님께

제공하면 된다.

그렇다면 여기에서 드는 한 가지 의문은, 고객에게 제공되는 무료티켓을 어떻게 배달원인 신장생이 사용할 수 있냐는 점인데 질문에 대답하기에 앞서 무료티켓에 관한 기본사항에 대해 먼저 알아보도록 하자.

∴ 티켓구분

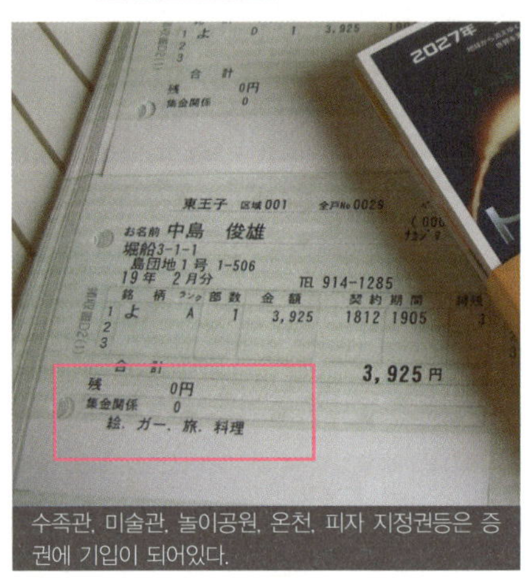

수족관, 미술관, 놀이공원, 온천, 피자 지정권등은 증권에 기입이 되어있다.

티켓의 제공방식은 크게 지정권과 비지정권의 2가지로 나눌 수 있다. 지정권은 독자에게 지급이 약속된 티켓으로 주로 신문구독 계약시 확장원이 고객의 의견을 반영하여 결정하게 된다. 그에 반해 비지정권은 독자의 요청이 있을 때만 제공되는 티켓으로 전체 티켓양의 약 80% 정도를 차지한다.

지정권의 경우는 수금방문시 고객의 요구가 없더라도 무조건 제공해주는 편이 좋으며 실수로 깜박하게 되면 미세로 항의전화가 올 수 있다. 그렇다면 우리는 여기서 한가지 사실을 도출해 낼 수 있다. 그것은 지정권을 제외한 나머지 비지정권은 수금원의 제량으로 남겨진다는 점이다. 참고로 이것은 필자의 개인적인 의견이 아닌 전반적인 업계의 관습(?)이다.

∴ 티켓입수

자! 그렇다면 이제부터 본격적으로 비지정 아가들을 품속에 들여 놓는 방법에 대해 알아보도록 하자.

비지정권은 전체 티켓의 80% 이상을 차지하는데 수량이 생각보다 많기 때문에 모든 독자에게 제공되지 않는 한 보통 1/3 정도가 남게 된다. 티켓을 받으면 지정권을 먼저 분리해 놓고 그 다음에 티켓별로 1~2장씩을 여분으로 준비해 놓는다. 여분을 준비하는 이유는 그다지 자주 있는 일은 아니지만 티켓이 전량 배포된 후 고객으로부터 강력한 요청이 들어 올 경우를 대비하기 위함이다. 그것을 제외하고는 보통 고스란히 자신의 몫이 된다. 손님과 자신을 위한 '원금보장형 보험상품' 정도로 생각하면 될 것 같다. 수금을 마치고 남은 티켓은 규정대로 따지면 점장에게 다시 반납을 해야 하지만 자신이 사용하거나 친구들에게 선물해도 무방하다. 단, 판매는 금지이므로 주의할 것.

티켓 종류

티켓의 성질에 따라 입장권, 교환권, 할인권의 3종류로 나뉜다.

· 입장권 – 미술관, 박물관, 박람회, 전시회, 영화, 공연 등
· 교환권 – 도쿄돔 어트랙션(놀이기구) 등
· 할인권 – 전망대, 온천, 유원지 등

매달 구성이 바뀌므로 은근히 기대가 된다.

티켓배부 행동강령

1. 테러리스트 생산 금지!

수금을 처음 시작하면 사수나 점장을 통해 간단한 교육을 받게 되는데 그중 하나가 손님의 요청이 있을시 티켓을 펼쳐 보이고 마음대로 고르게 하는 것이다. 나 역시 처음에는 점장에게 배운 대로 서비스티켓을 부챗살로 활짝 펼쳐 보이며 손님들께 뷔페식으로 정성껏 제공했지만 수금을 시작한지 단 1달 만에 현실과 이상의 괴리감은 생각보다 크다는 것을 깨달았다.

'견물생심' 이라 했던가? 공짜로 제공되는 수많은 티켓이 자신의 눈앞에 놓이게 되면 열에 아홉은 상당한 선택의 고민을 하게 된다. 즉, 시간을 잡아먹

는 '테러리스트'로 변하게 된다. 수금은 초반 3~4일 동안 전체금액의 80% 정도를 채우는 것이 보통인데 저녁시간을 활용해서 이 금액을 맞추려면 방문에서 수금까지 일사천리로 진행이 되야만 한다. 하지만 이런 뷔페식 티켓 제공은 손님으로 하여금 선택의 고민을 안겨줌과 동시에 우리에게서 귀한 수금시간을 빼앗아가는 비참한 결과를 초래한다.

- 티켓배포요령

비지정 티켓을 요청하는 형태는 항상 같은 티켓만 고집하는 '깐데또까'의 콕집어형과 그때그때 마음이 달라지는 '안깐데만골라까'의 랜덤형 두부류가 있다.

콕집어형은 원하는 티켓만 주면 되므로 문제가 없지만 랜덤형은 열의 아홉은 잠시 생각한 후 티켓을 고를 것이다. 명심하길 바란다. 모든 티켓을 펼쳐 보이는 순간 그들은 잔혹한 테러리스트(Timekiller)로 변한다는 사실을! 그러므로 수금이 지체되는 비극이 발생하지 않도록 노력하자.

> 손님 : 저, 이번 달은 무슨 티켓이 있습니까?
> 수금원 : 네, 이번 달은 영화, 유원지, 전시회 등의 티켓이 있습니다만...
> (가능한 3~4종류의 티켓만 보여줌으로써 고민의 시간을 줄이자)

2. 낌새가 이상하면 빨리 피해라.

수금방문을 하다보면 간혹 티켓에 대해 이것저것 물어보는 경우가 있는데 티켓의 종류, 장소, 일자, 사용기한 등 티켓만 보면 한 번에 알 수 있는 것들이 대부분이다. 잘못 걸리면 무미건조한 질문에 5분, 10분이 그냥 날아갈 수 있으므로 관심이 있는 티켓을 1장씩 주고 빨리 탈출하는 편이 심신건강에 이롭다. 5분이면 두 세집을 방문할 수 있는 시간이다.

3. 고객의 소리에 귀를 기울이자.

비지정권은 선착순이긴 하지만 '우는 아이 젖 준다'라는 옛말처럼 되도록 이면 티켓을 희망하는 사람에게 제공하려고 노력하자. 그저 방문 순서대로 티켓을 배부하기 시작하면 정작 원하는 사람에게는 기회가 돌아가지 않는데 미리 기억해두었다가 원하는 손님께 티켓을 제공하도록 하자. 수금을 2~3달 하다보면 자연스럽게 패턴이 생기게 되므로 전혀 문제가 없다.

티켓 관리 역시 미세의 운영방법에 따라 조금씩 다를 수 있다. 수금원에게 티켓을 배분하는 경우와 티켓 종류가 적힌 찌라시를 손님께 배부하고 원하는 것을 증정하는 경우가 있다. 하지만 분명한 건 티켓 수량이 많기 때문에 반드시 남게 된다는 사실이다. 문. 화. 생. 활. 돈 없다고 징징대지 마라! 티켓만 잘 사용하면 얼마든지 호화스러운 문화생활을 누릴 수 있다.

● ● ● 알고 싶어요 ●

18 비오는 날의 신장생!!

비는 모든 신문장학생의 적이다! 敵!

신문을 돌리다보면 자연스레 날씨에 민감해지게 되는데 낮 최고 기온이 얼마나 되고 구름이 어느 정도 있는가는 우리에게 전혀 중요하지 않다. 오직 비. B, B, B 비만 오지 않으면 된다. 대한민국 군인들은 눈이 가장 싫고 신장생은 비가 가장 싫다. 신문장학생을 마친 지금도 비가 오면 추운 새벽 고생하고 있을 동료들이 생각나서 기분이 울적해진다.

우리 미세는 휴일을 개인이 지정할 수 있었기 때문에 처음에는 비가 올 것 같은 날을 예상해 휴일을 넣곤 했지만 장마기간엔 일주일 내내 비가 오다보니 모든 걸 포기하고 해탈의 경지에 이르게 되었다. 피할 수 없다면 맞서라!(차마 즐기지는 못하겠다)

우선 일기 예보와 친해져야 한다. 일본은 어떤 신문이든 일반적으로 맨 뒷면에 죠깐(朝刊 : 조간)은 당일, 내일, 모래까지의 날씨가 유깐(夕刊 : 석간)은 1주일간의 날씨가 게재되어 있는데 당일의 경우는 3시간 간격으로 그림으로도 설명되어있으므로 보기에도 간단하다. 날씨가 약간 우중충한데 신문을 돌리는 시간대에 비 구름이 잔뜩 그려져 있다면 반드시 우천 모드로 준비를 해놓아야 한다.

☷ 우천시 필요 장비

- 미세에서 지급받은 우의(모자가 있다면 헬멧과 함께 착용)

- 장화

- 타월, 목장갑(미세에서 제공 – 신문을 넣을 때 손에 묻은 비로 인해 신문이 젖을 수 있다. 그러므로 타월 한 장을 준비하여 손을 닦아가며 신문을 넣는 것이 좋다. 일반적으로 목에 두른다.)

- 탑시드 및 비닐(미세에 비치된 것을 사용)

• 우천시에는 평소보다 많은 시간이 허비가 되는데 크게 3가지로 나눌 수 있다.

첫째 : 신문을 포장하는 시간

개별포장과 전체포장이 있다. 개별포장은 자동 포장기계를 이용하여 신문을 1부씩 비닐로 포장하는 방법이고 전체포장은 바이크로 이동시 신문이 비에 젖는 것을 방지하기 위하여 탑시드와 비닐을 이용하여 포장하는 것을 말한다.

둘째 : 이동속도 저하

비 오는 날 도로가 막히는 이유는 사고도 사고지만 빗길 미끄럼에 의한 감속을 들 수 있다. 바이크는 두 바퀴로 돌아가는 2륜 장치인데다 무거운 신문까지 싣고 있으니 빗길의 운전은 조심해야 한다. 그렇다고 배달을 안 할 수도 없으니 최대한 안전운행을 해야 하는데 특히 정차 시에는 미끄러짐현상이 쉽게 발생하기 때문에 더욱 주의해야 한다.

明日, 晴れるかな? (내일은 맑을까?)

셋째 : 신문 투입 속도 저하

주택단지가 아닌 맨션 지역의 경우는 주로 전체 포장만을 하게 되는데 배달 지역에 도착 후 비 젖음에 유의하며 투입을 마쳐야 한다. 이때 상당한 시간이 소요 된다.

비니루(ビニル : 비닐) 착용!

지붕이 덮여있는 꿈의 바이크

전제적으로 보면 평소보다 30분에서 1시간 가량이 더 소요된다. 만약 신문이 비에 젖었다면 곱절의 시간이 소요될 것은 분명하다. 신문이 비에 젖었더라도 미세에는 여분의 신문이 항시 준비되어 있기 때문에 배달에 차질이 생기는 일은 없을 것이다.

 나도 우천시 배달을 많이 해 봤지만 가장 낭패였던 것은 갑작스러운 게릴라성 호우었다. 비가 오고 있다던가 예상이 되는 상황이라면 미리 대비해서 준비를 하면 그만이지만 마른 날에 날벼락처럼 갑작스러운 소나기에는 어찌 할 바를 몰랐다. 그래도 시간과 경험이 쌓이다 보면 노하우가 생기는 법! 배달 중 갑자기 소나기성 호우가 내린다면 일단 외투를 벗어서 신문을 가린 후 평소 가지고 다니는 비닐로 신문을 감싸면 어느 정도의 비 피해는 줄일 수 있다. 그래도 만약 빗줄기가 강해지고 멈출 기세가 보이지 않는다면 주저하지 말고 미세로 돌아가야만 한다. 기껏해야 30분 정도 지체될 뿐이다. 중요한 것은 무사히 신문을 배달하는 것이다.

그렇지 않고 만약에라도 젖은 신문을 배달한다면 그날은 텐쵸의 와일드한 일본어를 마음껏 듣는 기회를 얻게 될 것이다. 그리고 일본사람들은 상당히 세심하기 때문에 당신의 실수를 절대 모른 척 넘어갈리 없다. 배달을 마치고 어디선가 전화가 걸려온다면 100%다.

❖ 우천시 신문 투입

비가 많이 오는 날은 신문을 개별포장하게 되지만 그렇지 않은 경우는 탑시드와 비닐만으로 전체포장을 하게 된다. 전체 포장의 경우 신문을 넣거나 꺼낼 때 신문이 조금이라도 젖게 되면 어김없이 보급소로 전화가 오기 때문에 주의를 기울여야 한다. 물론 신문을 집으면서 젖게 되는 정도는 그다지 걱정을 하지 않아도 된다. 신문은 다른 어떤 종이보다도 수분을 무척이나 잘 흡수하지만 금세 말라버리기 때문에 투입 후 5분 정도면 감쪽같이 없어져버린다. 단, 불이 환하게 켜있는 집은 무조건 안 젖은 신문을 넣어야 한다. 이런 집들은 아침 신문을 목이 빠져라 기다리는 경우가 대부분이기 때문에 신문이 마를 새도 없이 낚아 채 버린다.

안정기

생활의 달인

삶이 살만 하다는 건 아마도

생각지 못 한 일들이 일어나서가 아닐까 싶다,

누구나 생각하는 그런 일상이 아닌

저마다 다른 모습으로 살아가기에

개개인 마다 서로 다른 시공간이 존재하고

개별적인 우주가 존재한다는 말처럼

우리는 수천, 수만 가지의 세상을 가지고

살아가는 사람인 것 같다.

자신의 세계만이 아닌 타인의 우주를 들여다봄으로써

새로운 그것을 발견기도 하고 말이다.

무료하게 끝날 것 같은 햐루 야스미(봄방학)에도

조금은 변화가 일어 날 것 같다.

나에게도,

나와 마주친

그 누군가에게도 말이다.

● 일석이조의 시간활용

마의 시간대를 돌파하라

　　사람들과 신문장학생에 대해 이야기를 해보면 걱정을 많이 하는 것 중에 하나가 공부시간이 부족하다는 것인데, 내 경험에 비추어 본다면 꼭 그렇다고 할 수는 없다.

　　물론 새벽에 일찍 일어나야하는 신문배달의 특성상 잠이 부족하다던가 만성피로감에 시달릴 수는 있겠지만 오히려 규칙적인 생활만 잘 유지하면 바이토로 투잡을 뛰며 생계를 유지해야하는 일반학생들보다 더 안정적으로 유학생활을 해 나갈 수 있다고 생각한다.

　　성공적인 유학생활의 기준은 저마다 다르겠지만, 적어도 신문장학생으로서 정상적인 유학생활을 유지해 나가려면 반드시 극복해야 할 것이 한 가지 있다.

　　이른바, '마의 시간대'.

　　마의 시간대는 신문장학생들 사이에서만 통하는 뿌리치기 힘든 유혹의 시간대를 말하는데, 조간을 마치고 학교가기 전 오전 6시부터 9시까지의 시간대를 말한다. 이

시간을 어떻게 활용하느냐에 따라서 흔히 말하는 성공과 실패로 나누어지게 된다.

조간은 보통 늦어도 6시 정도면 끝나는데 아침밥을 입에 대지 않던 사람도 새벽에 일어나 땀 한바가지를 흘리고 나면 저절로 밥공기에 숟가락이 간다. 그렇게 밥을 먹고 '학교에 가기에는 아직 이른데 딱 30분만 눈 좀 붙여볼까?' 하고 바닥에 등을 붙이면 석간까지 논스톱으로 꿈나라를 방황하게 되는 것이다. 학교를 빼먹고 후회를 해봐도 이미 버스는 지나간 지 오래다. '잠 안자면 되는 것 아니에요?' 라고 누군가 내게 반문을 한다면 꼭 이렇게 말해주고 싶다.

"니가 한 번 해봐라. 잠의 유혹이 얼마나 달콤한지"

하지만 그보다 더 큰 문제는 아침잠이 습관이 돼버리는 것이다. 내 경우 처음 3달 동안은 결석을 단 한번도 하지 않았지만 시간이 지날수록 마의 시간대를 넘지 못해 종종 결석으로 이어졌다. 그리고 어느 샌가 출석률이 80% 대로 떨어졌고 위기감을 느낀 나는 대책을 강구하기에 이르렀다(출석률이 80% 밑으로 떨어지면 1차 경고, 70% 밑으로 떨어지면 비자가 취소된다. 조심하자).

내가 선택한 방법은 바로 '제거'였다. 잠을 유발하는 환경에서 조기에 벗어남으로써 수면자체를 차단해 버리는 것이다. 밥을 먹고 집을 나설 때까지의 시간이 길면 길수록 잠에 빠져들 가능성이 높아진다고 생각한 나는 식사를 마치면 가방을 챙겨 최대한 빨리 집을 나섰다.

학교는 8시부터 개방을 했기 때문에 근처의 24시간 마끄도^{맥도날드}에서 잠도 쫓을 겸 커피를 마시면서 책을 봤는데 생각보다 괜찮았다. 물론 쉴 틈도 없이 밥을 먹자마자 집을 일찍 나선다는 게 생각처럼 쉬운 일은 아니지만 어느 정도 적응이 되다보니 나중에는 자연스럽게 습관이 되었다. 따로 공부시간을 낼 필요도 없고, 마의 시간대도 뛰어넘는 일석이조의 시간활용.

명심하자! 아침은 잠을 자라고 주어지는 시간이 아니다.

신장생이여, 눕지 말고 집을 나서라!

 **신문배달이 일본어에 도움이 된다?**

제한적이지만 분명 도움이 된다. 우선 신문배달을 하면 신문과 친해지게 되는데 아무리 읽기 싫어도 매일 신문을 배달하다보면 한자 한글자라도 눈에 들어온다. 어학이라는 것이 언어 그 자체뿐만 아니라 예술, 문화, 역사 등 사회의 전반적인 것을 반영하기 마련이므로 더도 말고 덜도 말고 신문 1면 타이틀만 꾸준히 읽어도 사회 돌아가는 전체적인 흐름정도는 파악 할 수 있게 된다. 그리고 이렇게 쌓은 내공은 자신도 모르게 작문을 할 때나 일본사람과 대화를 나눌 때 자연스럽게 빛을 발하게 된다.

물론 흰 것은 종이요, 검은 것은 글이로다 라는 마음으로 아무 생각 없이 천년, 만년 배달만 한다면 신문배달을 아무리 오래해도 일본어 실력이 좋아질 리 만무하다.

일본인 동료들과의 대화정도는 어느 바이토를 하든지 공통으로 적용되는 부분이기 때문에 신문배달이라고 해서 특별히 일본어에 도움이 된다고는 생각하지 않는다. 오히려 함께 작업을 하거나 소통이 필요한 경우가 별로 없기 때문에 개인적인 대화를 제외하고는 다른 바이토보다 이야기 할 기회가 적은 편이다.

따라서 신문배달이라는 특수한 환경을 자신이 어떻게 활용하느냐에 따라 일본어는 물론 사회 전반적인 흐름을 읽는데 도움이 될 수도 있고 반대로 개인 중심으로 이루어지는 업무의 특성상 말없이 일만하고 돌아가는 무미건조한 생활이 반복 될 수도 있다.

● 골라넣는 재미가 있다

신문포스토 31

　　우리나라 신문은 참으로 불쌍하다. 아무렇게나 접혀 문 앞 땅바닥에 던져진다거나, 문틈에 끼워지는 신세로 현재까지 버텨왔으니 말이다. 하지만 일본은 대우가 달랐다. 집집마다 신문배달을 위한 별도의 공간이 잘 구비되어 있어서 땅바닥에서 신문을 줍고 먼지를 터는 서글픈 행동을 하지 않아도 된다. 이처럼 신문을 받기 위한 별도의 공간을 일본에서는 신분포스토新聞ポスト라고 하며 형태와 쓰임에 따라 다양한 모습을 가지고 있다.

· 겐캉포스토(玄関ポスト : 현관우편함)

　　현관문 이외의 부분에 붙어있는 우편함을 지칭하는 말로서 독립적으로 설치되어 있는 우편함을 말한다. 겐캉포스토의 경우는 주로 집 앞이나 대문에 붙어 있기 때문에 신문 투입이 비교적 용이한 편이지만 외부에 설치되어 있다는 특성 때문에 우천시 신문이 비에 젖기 쉽다는 단점이 있다.

　　일본에서의 겐캉포스토는 단순히 우편물을 받는 기능적 요소만을 가지고 있지는 않다. 아파트보다는 주택이 주를 이루는 일본의 특성상 다양한 디자인의 우편함과 자신만의 우편함을 만들기 위한 DIY 재료를 파는 전문 쇼핑몰이 인기가 있을 만큼 집을 꾸미는 인테리어적인 요소로써도 큰 비중을 차지한다.

　　뻐꾸기, 개구리, 고양이에 이르는 동물모양의 우편함에서부터 날렵한 금속성을 자랑하는 현대적인 우편함. 더 나아가서는 단 하나밖에 존재하지 않는 핸드메이드 우편함까지 때로는 서로 다른 디자인과 형태때문에 정작 우편함을 찾지 못해 곤혹을 겪을 때도 있지만 그와는 반대로 집집마다 개성을 지닌 다양한 우편함을 엿보는 재미도 찾을 수 있어서 무료한 신문배달에 활력소가 되기도 한다.

· 카베포스토(壁ポスト : 벽우편함)

　　카베는 담, 포스토는 우편함을 뜻하는데 말 그대로 카베포스토는 블록담이나 현관 이외의 건물 벽에 묻혀있는 우편함을 말한다.

　　흔히 담이라고 하면 고급 주택가나 도둑이 넘어오지 못하게 집주위에 경계를 치는 보안시설로서의 이미지를 떠올리기 마련이지만, 일본에서는 집과 집사이의 단순한 경계의 의미로 존재하는 것이라 오히려 담이없는 집도 무척이나 많은 편이다. 처음 신문배달을 하면서 신기했던 것 중에 한 가지가 바로 이 '담'이었다.

　　우리나라의 경우 담이라고 하면 높지 않더라도 안이 보이지 않는데 비해 일본의 경우는 안이 훤히 보이는 가슴 높이의 담이 있거나 아예 없는 곳이 대부분이다. 조금 과장해서 길에 떨어진 지갑이 며칠씩 그대로 있는 곳이 일본이라고는 하지만 사람이 왕래하는 길가에서 집의 모든 풍경이 훤히 보이는 것은 한국인인 나로서는 조금 어색한 풍경이었다.

　길이 좁고 담과 현관문의 거리가 가깝기 때문에 겐캉포스토를 따로 설치하지 않고 담에 매립형태의 우편함을 설치한 카베포스토는 신문배달을 하는 우리 입장으로서는 가장 바람직한 형태의 우편함이라고 말 할 수 있다. 다만 카베포스토가 설치되어 있다고 하더라도 손님에 따라서 현관이나 도아포스토에 신문을 넣어주기 원하는 경우가 있는데 그럴 경우 별도로 표시를 해놓고 그에 맞게 맞춤식 배달을 해야 한다.

· 도아포스토(ドアポスト : 문우편함)

　아파트나 맨션단지를 배달하는 사람들에게 가장 친숙한 도아포스토. 문에 붙어 있는 우편함이다. 우리나라의 아파트에서도 쉽게 볼 수 있는데 활용도에서 보자면 거의 신문을 위한 투입구라고 봐도 무방할 정도다.

　조간에는 찌라시가 들어가기 때문에 1/2로 한 번만 접고 석간은 얇기 때문에 1/4로 두 번 접어서 넣으면 쑥하고 들어간다. 도아포스토에 신문을 넣을 때에는 2/3 정도를 밀어 넣는 것이 보통이다. 신문을 투입구에 1/3만 꽂아 넣으면 안쪽에서 빼내기가 어렵기 때문에 고객으로부터 불만이 들어오고, 조간의 경우 완전히 밀어 넣으면 우편함이 닫히면서 찰캉! 하는 소리가 나기 때문에 무척이나 싫어하는 편이다. 물론 도난의 우려나 손님에 따라 완전히 넣어주기를 원하는 경우가 있기도 한데 그럴 때는 쥰로쵸에 기입을 해놓고 맞춤식 배달을 해주면 된다.

● 새해가 주는 선물

신문 단행본

졸린 눈을 비벼가며 신문을 배달하고 아침, 저녁으로 학교를 다니다 보니 어느새 해가 바뀌어 버렸다. 일본은 우리나라와는 다르게 구정이 아닌 신정을 중요시하는데, 신문 역시 이에 맞춰서 신년 특집호가 있다. 신년 특집호는 1월 1일에 배달하는데 특집호+찌라시+신년호가 모두 합쳐져 공포의 신문 단행본이 완성된다. 일반 신문의 5배~6배 두께 정도라고 보면 된다. 보통은 두 번으로 나누어 신문배달을 하지만 신년호는 두께가 두껍기 때문에 왕복운동을 여러번 해야한다. 내 경우 70부씩 4회 왕복을 해서 가까스로 배달을 마칠 수 있었는데 그마나 우리 미세는 찌라시가 적어 쉬운 편이었다.

요미우리신문은 신년호 준비를 위해 12월 28일부터 석간휴간^{조간은} ^{배달함에} 들어가서 1월 2일은 조·석간 휴간, 3일부터는 다시 정상으로 돌아간다. 우리 미세는 모두 8명이 근무하는데 31일 조간이 끝나고 전원이 새해 특별판 찌라시 작업을 진행했다. 모두 베테랑들이라 평소 200부 정도는 10분도 안 걸리는 사람들인데 이날은 얘기가 좀 달랐다. 총 세파트로 나누어서 공동작업을 했다. 찌라시 넣는 A조, A

조가 만든 찌라시를 특집호에 넣는 B조, B조가 넣은 특집호를 신문과 합치는 C조.

　장장 3시간여의 작업. 신문배달을 한 이후로 그렇게 많은 찌라시를 보기는 처음이었다. 무슨 잡지도 아니고 다 완성 시키고 보니 정말 무시무시한 두께였다. 이게 과연 신분포스토에 들어갈까 하는 생각을 하는데, 할배가 배를 툭 치며

　"신문 넣을 때는 세로로 접어서 집어넣던지 아니면 손잡이에 끼워놔!"

　하며 배달방법을 전수해 주었다. 친절도 하시지. 하지만 나도 나름의 노하우를 터득한 지라 언제부터인가, 두꺼운 조간은 세로로 얇은 석간은 가로로 접어 넣고 있었다. 그리고 몇 가지를 더 이야기해줬다.

　"내일은 조금 일찍 나와! 신문이 1시 반에 도착 하니까 2시까지 나오면 될 꺼야!"

　2시라니… 차라리 밤을 꼴딱 새는 게 낫겠다는 생각을 하면서 집으로 돌아 왔다. 공포의 신문 단행본! 새해가 주는 선물이었다.

전 직원 총 출동!

특집호만 8,9종류에 이른다.

점차 모습을 드러내는 신년단행본

● 어렵게 공부해야 실력이 느는 법!

신장생 **전학가다**

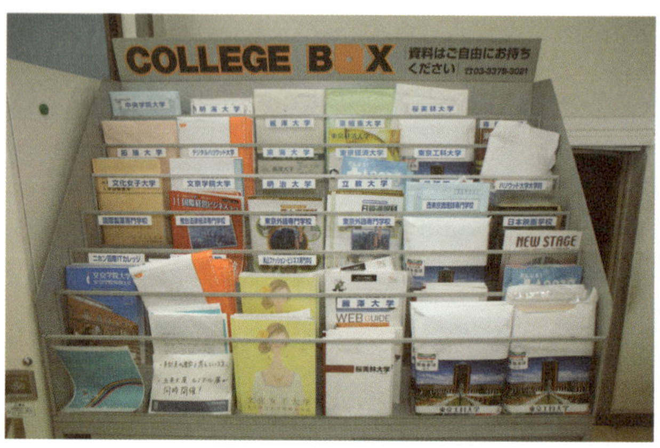

아까몽까이 어학교에서 어느정도 기초문법을 마치고 회화능력 강화를 위해 한국에서부터 계획했던 전학을 감행했다. 거리상으로도 아까몽까이가 있던 닛뽀리日暮里보다 가깝고 회화위주의 수업을 진행한다고 알려진 DBC 다이나믹 비즈니스 스쿨. 자체 뒷조사를 해본 바로는 그런대로 무난한 평가가 내려진 곳이고 책 공부 보다는 말하기를 좋아하는 나에게 딱 맞는 곳일 것 같았다.

개학날이자 레벨 테스트가 있는 날! 여느 곳과 마찬가지로 간단한 입학식을 실시하고 바로 분반을 위한 레벨테스트에 돌입하였다. 그런데 조금 이상했다. 문제가 어찌... 분명히 배운 것 같은데 알 수 없는 이 문자들의 난해함이란. 휴일이다, 연말연시다, 한동안 책을 놓았더니 머릿속이 리셋된 것처럼 아무것도 기억나지 않았다. 일본어 기초가 머리에 자리잡기 전에 너무 길게 쉬어버린 탓이었다. 그렇게 종소리가 울리고 뒤에서부터 넘어오는 시험지. 오랜만에 사용한 탓에 과열된 머리를 식히고 있는데 스피커에서 방송이 나왔다.

"고급반으로 분류된 사람들은 말하기 듣기 평가를 다시 한 번 실시할 예정이며,

나머지 학생들은 오전, 오후반으로 분류해서 화요일부터 수업을 시작하겠습니다."
인정하기 싫지만 난 나머지였다.

잠시 휴식을 취하면서 창밖을 보고 있는데 한국인 담당 선생님이 나를 불렀다. 얼굴은 웃고 있었지만 그다지 좋은 느낌이 들지는 않았다. "말은 조금 하시는 것 같은데 시험은 왜 이렇게 못 봤어요?" 찜찜한 기분이 역시 였다. 전에 있던 학교에서 월반까지 경험하며 비교적 우수한 성적을 보였던 탓인지 마음을 놓았던 것 같다. 게다가 연휴라고 연신 놀았던 후유증까지 겹쳐서 완전히 바보짓을 하고 말았다. 대굴욕.

하지만 그보다 더 큰 문제는 이번 학기는 초급2 반이 오전반 개설이 안 된다는 것이다. 전 학교에서 초급1까지 들었던 나는 초급2를 들어야 했다. 히라가나부터 시작하는 반을 듣던지 중급 1반을 들으라는 청천벽력과 같은 말씀. 난 교재가 궁금해서 선생님께 잠깐 보여 달라고 했다. '이런... @.@ 전혀 모르겠소.' 였다. 히라가나도 몰라서 초급반도 아닌 입문 반을 들어가야 했지만, 그동안 쌓아왔던 중국어의 공력과 빠가 소리가 듣기 싫어 이를 악물고 공부해서 2주 만에 초급반까지 승급될 수 있었던 지난 시간들.

결국 나는 초급2 과정은 독학으로 공부하고 중급을 따라가기로 결심했다. 하지만 말이 쉽지 초급2는 일본어학교에서 3개월에 해당하는 책 한권 분량의 정규교과 과정이다. 본격적으로 일본어의 기초문법이 나오는 아주 중요한 부분!

그 공백을 혼자서 감당해낼 수 있을까 하는 생각도 들었지만 어학이란 본디 조금 어렵게 공부를 해야 실력이 느는 법! 높은 목표를 잡고 다시 한 번 일본어 삼매경에 빠져들기로 마음을 먹었다. 조금 느슨해진 생활을 타이트하게 재정비할 필요가 있었다.

じゃ! いくじょう!!! (그럼! 달려 볼까나!)

 시.시.콜.콜　일본어학교는 고를 수 없다?

아니다. 고를 수 있다. 하지만 이 역시 보급소의 위치와 유학원과의 관계에 따라 결정된다.

유학원의 입장에서 보면 어학교의 첫 번째 선택기준은 커리큘럼과 환경이 아닌 학비와 소개료이다. 유학원도 땅파서 장사를 하지 않는한 엄연히 수익을 창출해야 하는 집단이므로 가능한 선지급되는 학비와 실제학비의 차액을 크게 만드려고 한다. 이 금액은 1회성이 아닌 매달 발생하기 때문에 차액분이 바로 유학원의 수익이 된다.

그리고 소개료가 많이 남는 학교를 우선 고려대상으로 삼는다.

그렇다고 유학원이 추천하는 학교가 무조건 나쁘다는 이야기는 아니다. 다만 무조건적인 수용보다는 선택 가능한 학교내에서 자신에게 맞는 학교를 정해야 한다는 소리다. 그래야 학교에 대한 만족도는 물론이고 유학원에 대한 불만도 낮아질 것이다. 명심하자. 좋은 학교의 기준은 서로 다르다는 사실을!

간혹 소개료를 가지고 딴지를 거는 사람들이 있는데 소개료는 중계업무를 담당하는 어학원의 합당한 대가이다. 그리고 어학교의 학비는 개인이 등록한다고 해서 더 싸지지 않는다.

● 나의 조간 배달기

어떤 **아침**

현재시각 3:00 · · · 알람소리에 눈을 떴다. 창문을 열어 날씨를 확인해보니 하늘에 별이 반짝반짝 떠있다. 오늘은 비를 걱정하지 않아도 될 것 같다. 옷을 주섬주섬 챙겨 입고 집을 나섰다. 언제나 새벽공기는 시원하다.

오하이요 고자이마쓰!

현재시각 3:10 · · · 오늘따라 사람들이 일찍 나와 있다. 한꺼번에 사람이 몰리면 찌라시를 칠 자리가 부족한데, 내일부터는 10분정도 더 늦게 나와도 될 것 같다. 10분이면 신장생에게는 강산이 열 번도 변하고도 남을 시간이다. 자도자도 부족한 게 잠이다.

현재시각 3:35 · · · 드디어 자리가 났다. 좌 찌라시, 우 신문을 포진시켜놓고 전광석화와 같은 속도로 녀석들을 합체시킨다. 몇 달 전만에도 '내가 일본에 와서 별 짓을 다하는 구나'하고 생각을 했었는데 이제는 재미를 느끼고 있다. 그래도 아직 시미즈⟨벤또청년⟩에게 비하면 난 느린 편이다. 아무래도 저 놈은 신문을 위해 태어난 것 같다.

잇떼끼마쓰! (行ってきます! 다녀오겠습니다.)

현재시각 3:45 · · · 할배에게 인사를 하고 바이크에 시동을 걸었다. 엔진소리가 가벼운 게 아무래도 어제 교체한 엔진오일의 덕분인 것 같다. 날씨도 좋고, 기분도 좋고, 오늘은 왠지 좋은 일이 일어 날 것 같은 기분이 든다. 불착만 나지 않는다면…

현재시각 4:30 · · · 응애 응애~ 제 3구역에 도착하자 오늘도 어김없이 녀석들이 울어댄다. 이제는 제법 익숙해질 만도 하지만, 한밤중의 고양이 울음소리는 아무리 들어도 아기 울음소리와 비슷하다. 안 그래도, 요 며칠 꿈자리가 뒤숭숭해서 마음이 심란한데 자꾸 신경이 쓰인다. 힐끔힐끔 뒤를 돌아보고 있다.

현재시각 5:00 · · · 충전 할 시간이 됐다. 1차로 가지고 나온 신문이 거의 다 떨어져서, 미세로 보충을 하러 갔다. 미세와 배달지역이 가까워서 그나마 다행이지만 중계(신문을 중간 지점에 놓아두는 것)가 있으면 조금 더 시간을 단축시킬 수도 있을 것 같다는 생각을 해봤다. 역시 사람의 욕심에는 끝이 없다.

현재시각 5:30 · · · 후반 부 돌입. 잠시 한숨을 돌리면서 나머지 신문을 정리했다. 땀이 많이 나서 입고 있던 재킷을 벗고, 수건으로 이마를 동여 맸다. 이제 본격적인 여름이라서 그런지 평소보다 조금 더 더운 것 같다. 아직 냉장고도 없는데 걱정이다.

현재시각 5:50 · · · 배달 종료. 조간의 마지막을 장식하는 스즈키 상의 집이 난 제일 좋다. 남은 신문을 정리하고 빠진 곳은 없는지를 확인한 다음 미세로 복귀했다. 평소보다 10분 빨리 끝나긴 했지만 아직도 난 배가 고프다. 배달루트의 최적화에 대해서 다시 한 번 생각을 해봐야할 것 같다. 나도 이제 진짜 배달부가 되어가나 보다.

오츠카레 사마데시따!

매일하는 일이지만 고생했을 동료들에게 인사를 하고 미세를 빠져나왔다. 새벽에 집을 나올 때 예약취사를 눌러놓았는데 지금쯤이면 새하얀 속살을 드러내고 밥통에서 김이 모락모락 피어나올 시간이다. 눈앞에 아침밥상이 아른거린다.

현재시각 6:10 · · · 어서 빨리 집으로, 집으로. 아침을 거르는 것은 내가 신문을 돌리는 한 절대 있을 수 없는 일이다.

● 무릎이 아파요

노동은 **운동이 아니야!**

　신문배달을 시작하고 몸의 이곳저곳에서 신호가 오기 시작했다. 쑥쑥 들어가는 뱃살은 만족감 100%였지만 얼굴의 기름기마저 쏙쏙 빠져버렸다. 일명 '신문병' 이라 불리는 만성피로와 푸석푸석한 피부 그리고 쏙 들어간 뱃살까지. 다이어트로 고민하는 사람에게는 이보다 더 좋은 운동(?)이 없다고 생각된다. 그런데 한 가지 분명히 짚고 넘어가야 할 부분은 신문배달은 분명 노동이지 운동이 아니라는 것이다. 누군가는 노동과 운동의 차이를 즐거움과 스트레스라고 이야기 하지만 난 '노동은 먹고 살기 위해 하는 것, 운동은 건강하게 살기위해 하는 것'이라 말하고 싶다.

　신문배달 처음 한 달은 동면하고 있던 우리의 뼈와 근육들이 갑작스럽게 깨어나면서 몸 곳곳에 신호를 주기 시작한다. 하지만 대부분은 곧 익숙해지겠지 하는 생각에 대수롭지 않게 넘어가는데 두 달째가 되면 슬슬 무릎이 아파오고 만성피로의 터널로 들어가게 된다. 자도 자도 피곤하고 먹어도 먹어도 배고픈... 군대로 따지면 이등병의 몸 상태로 변태하기 시작한다. 내가 담당하는 1구는 주택단지와는 다르게 계단을 많이 오르락내리락 했는데 무릎이 조금씩 아파오더니 어느 순간 걷기만 해도 통증이 느껴졌다.

'무릎이 아파요'를 너이버 지식놈에게 쳐보면 다리 절단 이야기까지 나온다. 무서운 세상이다. '무릎에 물이 찬 건 아닐까?' 염증이 생기면 통증이 있다던데... 덜컥 겁이 났다. 하지만 걱정에 걱정을 해보았자 병원의 문턱은 높고 눈을 뜨면 날 기다리는 것은 무거운 신문다발이었다. 몸이 무거워지기 시작하면서 눈꺼풀이 무거워지기 시작한다. 그리고 머릿속에 드는 생각은 오로지 잠. 잠, 잠, 잠으로 가득 차버려서 아침잠을 자게 되고 학교를 빠지게 된다. 확대해석이 아니라 많은 신장생들이 위와 같은 과정을 거쳐 나락의 구덩이 속으로 빠져들게 된다.

그러던 중 나와는 다르게 유달리 생기 있어 보이는 5구 동생 규진이가 눈에 들어왔다.

"규진아! 넌 안 힘드냐? 난 요새 무릎도 아프고 자도 자도 피곤한 게 드디어 신문병에 걸렸나보다"

"형, 그럴수록 운동을 해야 돼요! 그러지 말고 나랑 같이 운동 다녀요!"

'신문 돌리는 것도 힘들어 죽겠는데 운동이라니. 이놈이 누구를 놀리나' 그러고 보면 동생은 석간이 끝나면 항상 미세근처에 있는 헬스장으로 향하곤 했는데 그 모습

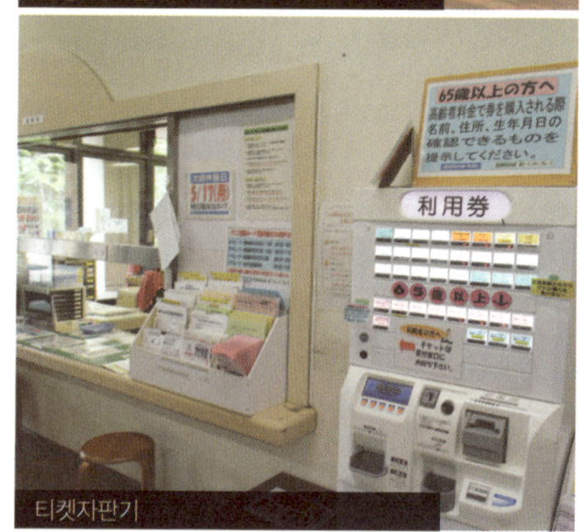

이 난 이해가 되지 않았다. 하루 종일 뛰어다니고도 매일같이 운동을 다니고 있다니, 경력에서 나오는 가진 자만의 여유라고 할까?

　　"너는 신문 돌리고 힘들지도 않아? 끝나자마자 어떻게 또 운동해?"
　　"저도 처음에는 샤워하기 불편해서 겸사겸사 다니기 시작했는데 운동을 하니까 몸이 더 가벼워지더라고요."
　　'몸이 가벼워진다고? 저놈이 노인네 앞에서 농담을… ― ―'
　　"그리고 구청에서 운영하는 곳이라 생각보다 가격도 되게 싸요"
　　"얼만데?"
　　"2400엔이요"
　　'야스이' (やすい～。싸다!)

　숙소에는 샤워시설이 없어 배달이 끝나면 텐쵸의 집에서 샤워를 하곤 했는데 내 집이 아니라서 그런지 생각보다 신경이 쓰이고 불편했다. 그런데 널찍한 샤워장에서 거품을 날리며 시원한 목욕을 할 수 있다니 급호감이 생겼다. 염불보다 잿밥에 관심이 생겼다고나 할까?

　　"그럼 구경이나 한번 해볼겸. 석간 끝나고 같이 가보자."

　석간이 끝나고 동생과 바이크를 몰고 체육센터로 향했다.

　도착한 곳은 한국으로 따지면 시민체육센터와 같은 곳이었다. 동생 말에 의하면 일본은 생활체육시설이 매우 잘 되어있어서 각 구마다 이곳과 같은 체육센터가 많이 운영되고 있다고 했다. 안으로 들어가니 안내데스크가 있고, 누가 자판기의 천국이 아니라고 할 까봐 시설이용 자판기가 설치되어 있었다. 일일권에서부터 주간, 월간 이용권에 이르기까지 검도, 농구, 배드민턴, 헬스 등 다양한 프로그램들이 운영되고 있었다.

　　"난 그럼 일일권을 끊어야 되나?"
　　"아니요. 오늘은 참관이니까. 무료로 하루 이용할 수 있어요."

일본에서 무료라니, 무조건 맘에 들었다. 데스크에서 간단히 방문자접수를 하고 2층으로 올라가보니 깔끔한 시설의 헬스장이 눈에 들어왔다. 한국에서도 구청 및 사설 헬스장을 다닌 적이 있어서 대강의 분위기나 구조정도는 알고 있었는데 한국과는 조금 다른 느낌이었다.

일일 체험신청서를 작성하자 트레이너 한 분이 시설 소개를 해주셨다. 신발을 갈아 신거나 앉아서 쉴 수 있는 대기실, 스트레칭 및 준비운동을 할 수 있는 매트장, 러닝머신과 각종 기구들, 한국의 헬스장과 별반 다르지 않다는 생각을 하고 있는데 기구들마다 작은 수건들이 걸려 있었다.

'저것은 무엇에 쓰는 물건인고?'

코치님께 여쭤보니 운동을 하며 묻은 땀을 닦는 수건이라고 했다. 그러고 보면 기구나 매트에 묻은 다른 사람의 땀 때문에 적잖이 찜찜했던 기억이 떠올랐다. 남을 배려하는 마인드에 감탄을 하면서도 과연 실효성이 있을까 의구심을 갖고 있던 나에게 마치 약속이라도 한 것처럼 기구에 묻는 땀을 닦아내는 사람들이 눈에 들어왔다!

'쓱싹 쓱싹'
'신지라레나이!' (信じられない! 언빌리버블!)

이 사람들 정말 대단하다. 처음엔 기구나 매트를 수건으로 닦는다는 게 무척이나 귀찮게 느껴졌지만 깔끔한 상태로 운동을 할 수 있다는 점 때문에 이제는 누구보다도 땀 닦기 수건의 예찬론자가 돼버렸다.

'한국에 돌아가면 기필코 〈내 땀 내가 닦기〉 운동을 전개하겠어!' 그렇게 땀 닦기 운동(?)에 매료되버린 나는 이제 운동을 마치고 땀을 닦아내지 않거나 기구를 제자리에 두지 않는 사람을 보면 속으로 욕바가지를 쏟아 붓곤 한다. 그렇게 일일 체육활동은 끝이 났고 고민할 것도 없이 동생과 나는 헬스동기가 되었다.

"일단은 한 달만 다녀봐야겠다. 생각보다 시설도 좋고 말이지"
"우선은 그냥 샤워하러 다닌다고 생각해요. 그러다보면 몸도 조금씩 좋아
질 거고"
"그래. 오케이! 그럼 시원하게 맥주나 한잔 하러 갈까?"
"OK！ 이쿠죠" (行くぞ。고고씽)

운동을 열심히 그리고 꾸준히 한다고 해서 무조건 좋은 약이 되는 것은 아니다. 자고로 개인별 체질과 상황에 맞는 운동이 몸에 뼈가 되고 살이 되는 법! 수면이 부족하고 하체노동이 심한 우리네 신문장학생에 맞는 운동법이란 과연 무엇일까? 이런 거창한 생각을 가지고 운동을 시작하진 않았기 때문에 몸에 가장 무리가 없는 운동부터 서서히 시작하였다.

우선 스트레칭! 운동을 처음 시작할 당시 무릎과 허리가 많이 아팠기 때문에 기구를 이용한 운동은 생각도 하지 않았다. 그래서 첫 한 달은 절반 스트레칭과 간단한 완력운동정도만 했다. 운동이라고 할 것도 없지만 스트레칭만으로도 뭉쳐있던

근육이 풀어지면서 몸이 한결 가뿐해졌다. 그렇게 한 달이 지나고 천천히 러닝머신을 시작했다. 신문을 돌리면서 하루 종일 뛰어다니는데 헬스장에서까지 또 뛰고 싶을까 하는 의문이 들 수도 있지만 다리 근력을 기르기 위한 운동이라고 보면 된다.

신장생의 운동은 일반 운동과 목적이 다르다고 생각한다. 처진 뱃살과 엉덩이를 '업' 시켜주기 위해서가 아닌 생존을 위한 근력강화 및 부상방지 예방운동의 성격이 훨씬 강하다. 그렇게 조금씩 몸을 만들어 가면서부터는 신문생활을 마칠 때까지 무릎이 시리다든지 다리가 아파서 힘들어 한 적은 없었던 것 같다. 운동시간은 50분에서 1시간 정도가 적당하다고 생각되는데 한 달만 해보면 몸이 가벼워지는 기적을 체험할 수 있다.

시간이 없어서 운동을 못 한다고? 하루 1시간만 투자하면 2~3배 능률적인 시간을 보낼 수 있다. 돈이 없어서 운동을 못 한다고? 2400엔을 투자해서 16만 엔 정도의 생활비를 번다고 생각해봐라. 전혀 아깝지 않은 액수이다. 신문배달만으로도 몸이 아플것 같다고? 나도 그 마음 100% 이해한다. 무릎아파 죽겠는데 러닝머신을 뛰라고 하면 순한 사람도 육두문자를 쓰면서 내게 미쳤다고 할 것이다. 하지만 재활치료라는 것도 있지 않은가? 신문배달로 인해 몸이 아픈 것은 근력부족과 갑작스런 노동으로 인해 관절에 과부하가 걸리는 것이 대부분이다. 그러므로 가벼운 스트레칭이나 운동으로 살살 달래주는 센스가 필요하다. 노동은 운동이 아니다. 선배의 말을 믿고 이불을 박차고 일어나 가벼운 산책이라도 하기 바란다. 몸짱이 되기 위해서도 아니고 다이어트를 하기 위함도 아니다. 우리는 생존을 위해 운동을 해야만 한다.

시.시.콜.콜 **사회체육시설**

구에서 운영하는 체육관련 시설은 구청 홈페이지에 쉽게 찾아 볼 수 있다. 헬스장뿐만 아니라 수영, 요가, 댄스 등 다양한 체육프로그램을 이용할 수 있기 때문에 개인의 취향에 맞게 이용할 수 있다. 가격은 일일로 이용할 경우 보통 300~400엔 정도이며 정기권의 경우에는 보다 저렴하게 이용 가능하다.

홈페이지에는 지역의 축제, 볼란티어, 리사이클 등 생활과 관련된 유용한 정보들도 상세하게 나와 있고 한글화도 잘 돼 있는 편이라서 도움이 되는 정보가 많으니 반드시 활용하도록 하자. 도쿄 23구내의 쿠약쇼 홈페이지를 찾는 경우라면 www.city.지역명.tokyo.jp 으로 바로 연결된다. 예)신주쿠 : www.city.shinjuku.tokyo.jp

● 정말 내 자신이 싫었다

원숭이 나무에서 떨어지다

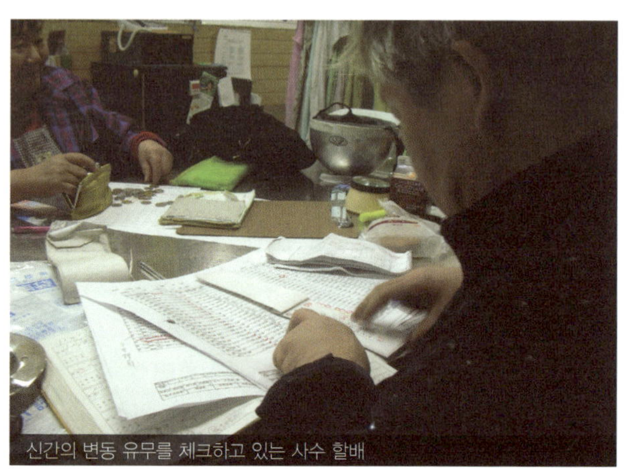

신간의 변동 유무를 체크하고 있는 사수 할배

　　신문배달이 반복의 연속이다 보니 생각지도 않는 곳에서 실수가 나오기도 한다. 그렇기 때문에 돈이 오고가는 수금은 무엇보다 세심하게 신경을 써야 한다.

　　수금은 준비금거스름돈을 받음과 동시에 그 만큼의 채무가 생긴다. 수금기간 중 가방 속에 돈이 얼마가 남았는지 부족한지는 중요하지 않다. 오직 수금준비금을 환급할 때 차액이 발생하는지 여부만 신경 쓰면 된다. 그렇게 수금에도 조금씩 익숙해질 무렵 드디어 일이 터지고 말았다.

　　큰 문제없이 수금을 마치고 최종 수금액을 정산하던 날! 수금액과 환급액이 맞지 않았다. 분명히 중간 정산까지는 아무런 문제가 없었는데 최종스코어는 4000엔 부족! 아마도 1000엔과 5000엔을 혼동한 듯 싶었다. 수금이 대부분 저녁에 이루어지다 보니 충분히 가능한 일이지만 너무 가슴이 아팠다. 동생 말로는 수금을 하게되면 누구나 겪는 통과의례라고 했다.

　　"그럼 이럴 땐 어떻게 해야 돼?"

"비었으면 채워 넣어야죠!

'피 같은 돈, 피 같은 돈' 책이나 TV에서 수없이 들어온 말이었지만 이렇게 절실히 와 닿기는 처음이었다. 그 돈이 어떻게 번 돈인데! 새벽의 차가운 공기를 새빨개진 두 뺨으로 받아내고 이집 저집을 드나들며 신문을 돌려 받아낸 눈물과 땀의 결정체가 아니던가. 타들어가는 목마름에도 자판기는 사치라며 손을 떨며 움츠려들었던 나였는데 한순간에 4000엔을 날려버리다니. 정말 내 자신이 싫었다.

| 오늘의 교훈 | 산수를 잘 하자.

● 그들이 궁금하다

미행

오늘은 목요일이자 야스미.

햇살도 좋고 해서 전부터 벼르던 동행취재에 나서기로 했다. 신문배달이야 어딜 가나 똑같겠지만 다른 사람들은 어떻게 배달을 하는지 궁금했다. 그리고 황금 같은 야스미를 신문배달 관광에 참여하게 만든 가장 결정적인 이유는 부수가 나보다 많은데 항상 먼저 끝내는 주택단지 사람들의 비밀을 파헤쳐보고 싶었다.

물론 내가 그다지 급하게 돌리는 스타일은 아니지만 맨션과는 다른 무엇인가가 있으리라는 생각에 동행취재를 감행하였다. 그래서 선택한 것이 5구. 미세와 가장 가까운 점도 있었지만 무엇보다 규진이가 담당하고 있는 지역이라 따라나서기에 부담이 없었다. 오늘 하루 일일주인공을 부탁하고 바이크를 몰고 동행에 나섰다.

스타또! (スタート)

배달을 시작하자마자 동생은 날듯이 바이크를 움직이며 빠르게 신문을 투입하기 시작했다. 마치 미로처럼 얽혀있는 좁은 골목길을 자기 손바닥 보듯이 익숙한

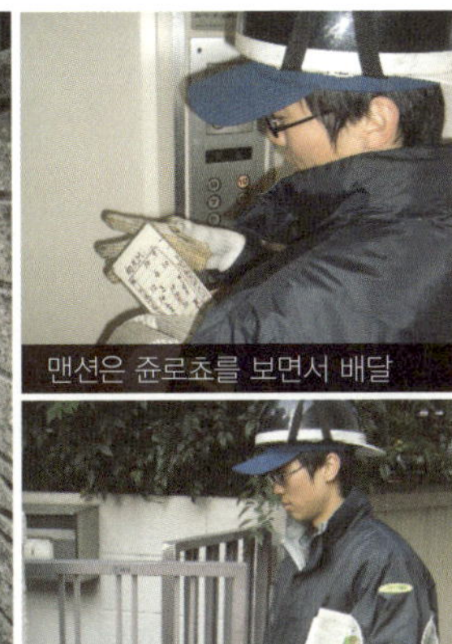

움직임으로 읽어 나가기 시작했다. 아무리 복잡한 동네라도 보통 일주일이면 길을 다 외운다고 생각하고 있었는데 뒤에서 따라다녀 보니 도저히 엄두가 나지 않았다.

그렇게 30여분을 지켜보니 나와의 가장 큰 차이점은 바이크의 사용 빈도였다. 아파트나 맨션이 많은 지역은 바이크를 입구에 세워놓고 계단 혹은 엘리베이터를 이용하여 위에서부터 아래로 내려오며 배달하는 경우가 보통이지만 주택단지의 경우는 가다 서다를 반복해야 하기 때문에 바이크와 혼연일체가 되지 않으면 시간이 많이 지체될 듯 보였다.

도아포스토를 주로 사용하는 맨션단지와는 다르게 주택의 경우는 카베, 겐캉포스토를 주로 사용하는데 신문을 1/4 크기로 접어 넣는 것이 가장 기본적인 배달 방법이다. 길이 좁더라도 진행 방향에 포스토가 있으면 바이크에서 내리지 않더라도 바로 투입을 할 수 있지만 막다른 길이나 바이크로 도저히 진입할 수 없는 경우는 바이크를 세워놓고 직접 배달을 하는 수밖에 없었다. 물론 길가 정차는 기본이다.

집들 중에는 대문을 열고 들어가야 하는 집도 있는데 그럴 경우는 나오면서 다시 문을 닫아줘야 한다. 그렇지 않고 '나 왔다 갔소' 하고 대문을 활짝 열어 놓으면 우리의 섬세한 고객님께서는 분명히 보급소로 전화를 건다. 힘들게 배달 마치고 왔는데 점장으로부터 잔소리를 들으면 기분이 무척이나 텁텁해 진다. 다시 한 번 이야기 하지만 일본사람들은 상당히 섬세한(?) 사람들이다. 명심하자! 그들은 절대 그냥 넘어 가지 않는다.

역시나 주택단지의 가장 큰 어려움은 2, 3층 높이의 어정쩡한 건물이었다. 한국 같으면 TV에 나오는 신문 배달의 달인처럼 신문을 삼각형으로 접어서 '휙' 하고 던져 넣으면 끝이겠지만 정성스럽게 접어서 포스토에 살며시 집어넣는 일본 신문배달로서는 절대 상상할 수 없는 일이다. 그러다 보니 2층 이상의 건물은 일일이 뛰어 올라가야만 하는 어려움이 생긴다.

주택배달의 또 다른 특징 한 가지는 충돌사고에 유의해야한다는 점이었다. 일본 주택가 배달은 주로 골목길을 위주로 이루어지게 되는데 인적이 드문 조간은 그나마 나은 편이지만 사람들이 많이 돌아다니는 석간배달은 자칫 잘 못하면 충돌사고가 발생하기 쉽다. 골목길 토마레가 있지만 직업의 특성상 둔감해지기 쉽고 일방통행이 있지만 간혹 이를 무시하는 사람이 있어서 특히나 조심해야 한다. 그래도 1년 반의 경력이 있어서인지 토마레를 비롯해 일방통행과 감속을 철저히 유지해 나가면서도 빠르게 배달해 나갔다.

"규진아, 좀 쉬엄쉬엄 해라."
"안 그래도 오늘은 평소보다 더 천천히 하는 거예요."

● 내가 주는 선물

슈즈홀릭?

오늘 거금을 들여 신발을 또 한 켤레 샀다. 이걸로 벌써 3켤레 째.

남들이 보면 바닥에 구멍이 숭숭 뚫린 신발이 한 2~3년은 신었다고 생각할지 모르겠지만, 절대 아니다. 아무리 신발을 험하게 신어도 한번 사면 1년 이상은 신어왔었는데 아침, 저녁으로 걷고 뛰어야하는 직업의 특성탓인지 처음 올 때 신고 온 신발이 단 두 달 만에 운명을 달리했다.

또 속도를 중요시하는 신문배달의 특성상 정차 시 발을 이용해서 감속을 자주하는데 그 점이 수명을 단축시키는 주된 이유인듯하다. 신발을 산 직후에는 바이크가 완전히 정차될 때까지 기다려도 보지만 전체 배달시간에 많은 차이가 나기 때문에 다시금 발 브레이크를 사용하게 된다.

다른 곳에는 돈을 아끼더라도 신발은 가급적 좋은 것을 신는 편이 좋다. 처음에는 자꾸 사는 신발값이 아까워서 싼 신발을 신어봤지만 다리에 느껴지는 피로감은 확연한 차이를 보였다. 무조건 브랜드가 박혀있는 비싼 신발보다는 쿠션감과 통풍이 잘되는 러닝화가 배달용으로는 가장 적합한 것 같다.

신문은 몸으로 먹고사는 직업인데 그중에서도 발은 가장 핵심이 될 정도로 아끼고 중요하게 여겨야하는 부분이다. 나 같은 경우는 피로회복 및 관리 차원에서 1주일에 한번은 꼭 목욕탕을 들리곤 했다. 피곤한 다리에 주는 작은 선물이라고 할까? 배달인은 발과 다리를 아끼고 사랑해야 롱런 할 수 있다.

● 할인시간대를 잡아라

마트가 당신에게 알려주지 않는 5가지 비밀

기숙사는 처음부터 모든 가정집기가 구비되어 있는 경우와 그렇지 않은 경우가 있는데 난 후자였다. 기숙사가 아닌 독채를 사용한데다 전에 살던 사람이 물건을 전부 처분하고 나갔기 때문에 텐쵸가 준비해 놓은 '딱 1인용' 뽀송뽀송 이불을 제외하고는 아무것도 없었다. 가스렌지는 다행히 새 것을 받긴 했지만 부족한 것이 너무도 많았다. 물론 가정용품 엎어치기 기술로 생활에 필요한 거의 모든 것을 구비했는데 단 한 가지 냉장고는 오랫동안 해결할 수 없었다.

평소 요리를 즐기는 나로서는 식품저장고인 냉장고가 없다는 점이 무척이나 마음에 걸렸지만 달랑 50만원만 들고 현해탄^{한국과 일본 큐슈(九州) 사이에 있는 해협}을 건너온 나에게 중고 냉장고조차 사치품으로 느껴졌다. 이때부터 아주머니들도 잘 안한다는 하루 2번 장보기 생활이 시작되었다.

누군가 그랬다. "무신 넌 맨날 장만 보고 다니냐!" 하지만 냉장고 없다고 밥을 안 해 먹을 수도 없고 그렇다고 라면만 먹고 살 수는 없지 않는가? 신문은 몸이 재산인데 비록 돈을 받고 팔아도 될 정도로 뛰어난 맛은 아니지만 산해진미의 식도락을

자랑하는 중국유학생활로 인해 기본적인 요리와 장보기 정도는 초보 새댁 보다는 낫다고 생각한다.

다행이 집 앞에 마트가 있어서 필요할 때마가 조금씩 꺼내 쓰는 큰 냉장고라고 생각하고 열심히 장을 봤다. 무엇이든 자꾸하다보면 늘기 마련이다. 일본마트도 자꾸 다니다 보니 한국과는 다른 독특함을 느낄 수 있었다.

시.시.콜.콜 알고 보면 더 재미있는 일본 마트 장보기

하나. 따끈따끈, 바로바로

한국과 일본 마트의 가장 큰 차이점은 한국 같으면 '홈뿌라스', '2마트' 등의 대형 마트서만 맛 볼 수 있는 즉석조리 제품들이 일본마트에서는 어디에서나 맛 볼 수 있다는 점이었다.(마트라고 해보았자 20평정도 밖에 안 된다) 한동안 거의 중독되다 시피 먹어대던 고로케 역시 자주 가던 마트에서 직접 조리해서 파는 제품이었다. 이런 제품들은 필요한대로 소량단위로 구매할 수 있고 가격도 그다지 비싼 편이 아니어서 점심이나 간단히 요기에는 안성맞춤이다. 거기다 시간이 지나면 가격이 저렴해지는 타임세일도 실시하는데 5시 이후에는 무려 50% 정도 할인된 가격으로 장바구니에 담을 수 있으니 요리를 못하는 사람이나 요리가 귀찮은 사람에게는 그냥 지나치기 힘든 강렬한 유혹으로 다가온다.

둘. 조금씩 종류별로.

우리나라도 최근 들어 많이 생겨난 소량포장! 혼자 사는 사람들에게 근 단위로 파는 육류는 무척이나 부담스럽다. 사자니 양이 많아 다 먹지도 못하고 냉동실에 처박아 둬야하니 한끼 분량만 조금씩 파는 미니 팩은 냉장고 무소유를 실천중이던 나에게는 최고의 선물이었다. 고기를 먹고 싶을 때마다 한 팩(딱 한끼 분량이다)씩 사서 요리를 하면 끝! 이 역시 타임세일이 적용되므로 저녁시간대를 잘 노린다면 마블링이 작렬하는 비싼 소고기도 저렴한 가격에 살 수 있다. 참고로 일본에서 파는 소고기는 마블링이 없으면 소고기가 아니다. 그냥 고기인거지.

셋. 요일별 할인 행사!

물론 한국에서도 요일을 정해서 제품별 세일행사를 하곤 하지만 일본의 마트가 좀 더 파격적이라고 볼 수 있다. 예를 들면 자주 가던 마트에서는 매주 금요일 마다 냉동식품 50% 행사를 하곤 했다. 그때마다 대량구매의 지름신이 강림했지만 냉장고가 없었기에 항상 카라아게(唐揚げ : 일본식 닭튀김)만을 사먹곤 했다. 그밖에도 야채의 날, 고

기의 날, 생선의 날 등을 정해서 각 요일별로 꽤나 저렴한 가격으로 세일행사를 했다. 물론 마트와 지역마다 조금씩 차이는 있겠지만 대체적으로 요일별 세일행사를 많이 한다. 게다가 신문으로 먹고사는 우리는 매일 찌라시를 접하지 않는가! 그냥 광고지라고 생각하지 말고 생활에 필요한 쿠폰 북이라 생각하면 꽤나 유용한 정보들이 많이 실려 있다.

타임세일 : 오후5시 이후 집중공략!(20%~50%)

품목 : 즉석조리제품, 육류, 수산물 등

요일세일 : 요일별 할인행사 실시(최대 50%)

넷. 술이 안보여요?

일본의 경우 워낙 편의점이 발달한데다가 영미권에서나 볼 수 있는 주류전문점이 많이 보편화 되어있기 때문에 규모가 작은 슈퍼마켓의 경우는 주류를 판매하지 않는 경우도 많다.

다섯. 동네슈퍼는 무조건 비싸다?

한국에서의 구멍가게는 보통 비싸다는 생각이 들지만 일본은 그와 반대인 경우도 많다. 물론 전체적이 가격을 비교하면 아무래도 큰 마트의 경우가 저렴하겠지만 생각보다 저렴한 상품들이 꽤나 많이 구비되어 있다. 예를 들면 물, 우유, 컵라면, 통조림, 레토르트 식품, 과자류 등 자잘 자잘한 물건은 큰 마트보다 오히려 저렴하거나 다양하다. 작다면 무조건 비싸다는 생각, 항상 맞는 것은 아니다.

비를 달리다

　이야기를 풀다보니 비에 관한 이야기가 유달리 많은데 그 만큼 신장생에게 비오는 날은 이래저래 힘든 날이다. 비가 오는 날은 평소보다 운전에 더욱 신경을 써야 한다.

　'뭐, 당연한 소리를 하는 구나.' 라고 생각할 수도 있겠지만 우리 신장생들에게는 명심 또 명심해야 하는 말이니 다시 한 번 마음에 새기도록 하자!

　비가 오는 날은 조간과 석간 중 당연히 부수가 많은 조간이 문제가 된다. 보통 조간은 250부에서 300부 정도를 돌리는데 찌라시를 넣으면 그 양이 상당해지므로 보통 2번 정도로 나누어서 돌린다. 신문을 앞뒤로 가득 싣고 운전하는 자체도 무척이나 주의를 요하는 일이지만 미끄러운 빗길을 달린다는 것은 몇 배가 되는 체력소모와 집중력이 필요하다.

　나는 신장생을 하는 동안 비가 오는 날 한 번을 포함해서 약 3번 정도 오토바이를 넘어뜨렸다. 주인을 잘 못 만나 고생하는 바이크가 안쓰럽기는 했지만 신문을 가득 실은 녀석의 무게를 감당하기란 바이크 운전경험이 전무했던 나에게 조금 벅찬 일이었다.

　바이크가 넘어 지는 경우는 정차 시 브레이크 바를 제대로 지지시키지 않은 경우와 신문을 실을 때 앞뒤의 중심을 못 잡고 넘어뜨리는 경우가 있다. 물론 난 위의 2가지를 빼먹지 않고 다 경험해보았다. 그리고 남은 한 가지는 빗길에서의 전복.

시.시.콜.콜　　**우천시 주의사항**

• 맨홀 뚜껑 위에서의 브레이크는 자살 행위이다!

무슨 말이냐. 브레이크를 잡는 곳은 보통 코너라든가 장애물이 있을 때 하게 되는데 공교롭게도 코너나 사거리에 맨홀이 있는 경우가 많다. 만약 비가 오는 날 브레이크를 잡았는데 맨홀 뚜껑 위라면 바이크는 미끄러져 '저 바닥에 누워' 를 부르며 앞, 뒷바퀴를 굴리면서 사정없이 헤엄치게 될 것이다. 궁금하면 한번 해봐라. 건강 보험증이 왜 필요한지 알게 된다.

• 갓길에서는 브레이크를 서서히 밟아야 한다.

신문을 넣기 위해서 도로 끝에 바이크를 정차시키는 경우가 있다. 이때 대부분의 도로 가장자리는 아스팔트와는 다르게 시멘트로 되어있어서 비가 오면 무척이나 미끄럽다. 길가에 신문포스토가 보이고 정차를 위해 급하게 브레이크를 밟는 다면 역시나 의사 얼굴을 마주한 체 말도 안되는 일본어를 해야 하는 경우가 발생 할 수 도 있다. 일본 병원이 어떻게 생겼는지 궁금하다면 모를까 비오는 날의 급브레이크는 금물이다.

● 돈 줘요~~!!! 돈!

녀석을 **경계**하라

매월 10일은 수금 정산일로 수금준비금을 모두 반환하고 정산하는 날이다. 수금 정산일 전에는 가능하면 모든 수금을 끝내는 것이 좋다. 그렇지 않으면 다음 달로 이월되어 갈수록 큰 골칫덩이가 돼버린다.

내 경우도 손님 중에 장기 연체된 집이 한집 있었는데 도통 주인장을 만날 수 없었다. 시간이 맞지 않아 주인을 만나지 못하고 허탕을 치는 경우도 많이 있었지만 이 손님은 평일 저녁이든 일요일 오전이든 항상 불이 꺼져있고 그림자조차 비추지 않는 미스테리한 인물이었다. 이번 달만은 어떻게든 받아내려고 매일 출퇴근을 했지만 녀석은 강적이었다. 하지만 지성이면 감천이라고 드디어 포획할 기회가 다가왔다.

아침에 불착이 나서 근처에 갔다가 혹시나 하는 마음에 들렀는데 방금 전에 넣은 신문이 보이지 않았다. 녀석이 분명 집에 있다고 생각한 나는 연신 초인종을 눌러댔다. 부시럭 부시럭 소리만 들릴 뿐 나올 생각을 하지 않았다. 마음 같아서는 문을 뜯어내고 싶었지만 아무리 그래도 예의는 지켜야하는 법! 다시 한번 문을 두드렸다.

바로 그때, '철커덕' 소리와 함께 굳게 닫힌 문이 열렸다. 녀석은, 녀석은! 아주머니 였다. 아침부터 문 앞에 씩씩대며 서있는 날 보고 적잖이 놀란 눈치다(참고로 난 키가 190이라 배달 중에도 많이들 놀라신다). 아주머니를 보자마자 난 쏜살같이 달려들어 영수증을 보여주며 이렇게 소리쳤다.

"돈 줘요~~!!! 돈!"

그런데 아주머니 반응이 더욱 가관이었다. 말도 없이 손만 내젓는다. 이런! 그 순간 일본어에 욕이 없다는 것이 정말 안타까웠다. '신문 돌린다고 사람 무시하는거야 뭐야!' 내 마음속 외침을 들으셨는지 아주머니는 손짓을 하시며 무엇인가를 말씀하려고 하셨다. 그 순간 까맣게 잊고 있던 할배의 이야기가 생각났다. 1구에는 말을 못하는 손님이 한분 계시니까 혹시라도 문제 있으며 바로 이야기하라던... 조금 미안한 마음이 들어 최대한 흥분을 가라앉히고 손짓, 발짓을 해가며 상황설명을 했다.

"휙휙~ 훅훅훅!" (몇 시에 오면 될 까요?)
"사삭~ 스스스!" (지금은 회사에 가
봐야 하니까 10시에 다시 와.)

10시에 오라니. 너무하잖아요! 사정
사정을 해도 지금은 시간이 없으니 안
된단다. 그렇게 말도 안되는 실랑이 끝
에 결국은 아주머니가 이겼다. 일단 다
시 방문하기로 약속했지만 이날도 수
금을 못했다. 너무 피곤해서 깜박 잠
이 들어서...

다음 날 아주머니께서는 직접 미세
를 방문해 요금을 납부하셨고 한 장의
쪽지를 남긴 채 유유히 사라졌다.

'어제 저녁에 온다고 했는데 연락이 없어서요.'

등 뒤에서 텐쵸의 살기가 느껴졌다. 억울하지만 할 말이 없다는 건 이런 경우가 아닐까?

| 오늘의 교훈 | 손님과의 약속은 반드시 지키자.

• 트라우마 •

수금이 끝나고 당일정산을 하는데 수금액을 반납하고 나니 또 5000엔이 부족했다. 순간 지난달의 악몽이 떠오르면서 짜증이 쓰나미처럼 몰려왔다. "빠가! 빠가! 빠가!" 그렇게 스스로를 자책하고 집으로 오는데 미세에서 빨리 오라는 전화가 왔다. 무슨일인지 궁금해 하며 미세에 도착하니 텐쵸가 야릇한 웃음을 짓고 있었다.

"너 5000엔 잘 못 계산한 거 아냐?"

"그래서 제돈 채워 넣었는데요. "

안 그래도 열 받아 죽겠는데 놀리고 있다.

"그럼 이 5000엔 필요 없는 거야?"

"네? 무슨 말씀이신지?"

"니가 나한테 5000엔을 더 줬잖아."

"할렐루야♪"

5000엔을 내미는 텐쵸의 손이 그 어떤 여성의 손보다 더 아름답게 느껴졌다. 발품 팔아가며 고생하면 무엇하리 무심코 건넨 만 엔 한 장에 모든 것이 다 날아가 버리거늘. 꺼진 불도 다시보자.

● 승짱! 다음에는 꼭 홈런을 부탁해요!

나는 니가 **참 좋아**

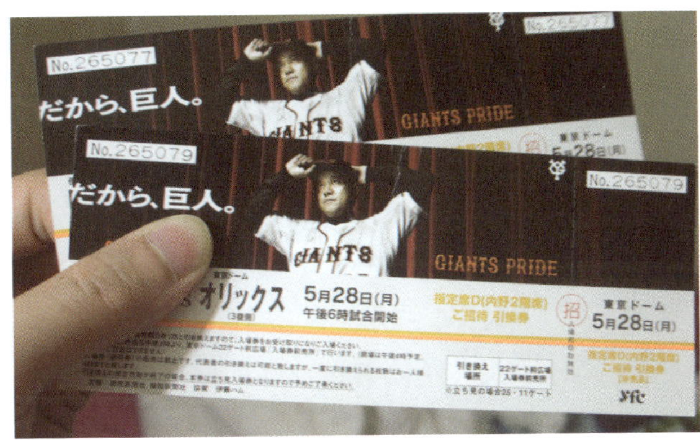

오늘은 꿈에도 그리던 도쿄돔 이승엽 경기를 보러가는 날이다. 수금 후 얻은 야구 티켓은 지정석이 아닌 자유교환석으로 늦게 입장할 경우 입석으로 봐야하기 때문에 안전한 좌석확보를 위해서 적어도 5시 전에는 도쿄돔에 도착해야만 했다.

석간은 오후 2시 30분부터 시작인데 보통 2시간 30분 정도면 끝낼 수 있었다. 당시 석간 최고기록은 2시간 10분. 여름이라 샤워를 반드시 해야 했기 때문에 그 시간까지 계산한다면 1시간 50분 내에는 들어와야 명함이라도 내밀 수 있을 것 같았다.

내가 살던 오지에는 요미우리 집하센터가 위치하고 있어서 다른 곳보다 빨리 신문을 수령 받았다. 그날도 2시 30분 정각에 신문이 도착했다. 사람의 잠재력은 위기의 순간에 자신도 모르게 발휘된다고 하는데 그날이 그랬다. 평소는 잘 뛰지도 않는 석간배달을 줄곧 100m 달리기를 하며 미친 듯이 신문을 돌렸다.

불착도 없이 석간을 마친 시간은 무려 최고기록을 30분 앞당긴 1시간 40분! 히가시 오지텐東王子店 1구의 석간기록은 오늘로 새롭게 쓰였다.

석간을 마치고 온 나를 보고 할배 왈

"신문 부족하게 가지고 갔구나?"
"배달 끝났어요. 헥헥..."

날씨는 화창한데 나에게만 비가 내렸다. 체육센터에 갈 시간도 아끼기 위해 석간에는 잘 가지 않는 텐쵸의 집에서 샤워를 마치고 미리 준비해둔 옷으로 갈아입었다. 도쿄돔에 도착한 시간은 믿기지 않는 5시 정각. 역시 사람은 마음먹기에 따라 얼마든지 달라질 수 있다. 부랴부랴 티켓교환소에 도착해서 교환권을 내밀자 아리따운 아가씨가 사랑스러운 티켓 두 장을 나에게 건네주었다.

"지테세끼 겟또!" (指定席ゲット! 지정석 획득!)

마침 같이 보기로한 다케시 형한테서 6시 30분 정도면 도착할 수 있다는 문자가 왔다. 그날따라 술술 일이 잘 풀렸다. 이러다 이승엽 홈런 볼까지 잡는 건 아닌가 하는 생각을 하면서 형이 올 때까지 주변 구경을 하기로 했다.

　요미우리 자이언츠의 기념품 숍에서 야구용품을 구경하고 있으니 형이 도착했다. 좌석은 1, 3루 중에서 선택할 수 있는데 요미우리 홈구장인 만큼 당연히 1루 좌석을 택했다. 한국에서도 야구장을 몇 번 가본적이 있었는데 돔구장은 느낌 자체가 전혀 달랐다.

　마치 실내콘서트 홀에 와있는 느낌이랄까? 하늘을 덮어버린 거대한 돔과 녹색 물감을 잔뜩 풀어놓은 듯 한 시원한 잔디까지 일반 야외구장의 몰입도와는 비교조차 되지 않았다.

　야구장의 또 다른 재미, 먹거리 또한 빼놓을 수 없는데 도시락의 왕국답게 각종 벤또와 야끼소바 등이 주를 이루었고 한국과 조금 다른 점이라면 종이를 제외한 일체의 위험용품의 반입은 금지된다는 점이었다. 위험용품이란 경기에 방해가 될 수 있는 캔, 페트병, 유리병 등을 말하는데 외부에서 음료를 구입한 경우에는 입구에서 준비된 종이컵에 부어서 반입이 가능했다. 야구장 안에서 판매되는 음식은 비싸

도쿄돔은 야구장을 중심으로 놀이공원과 호텔, 온천, 쇼핑몰까지 갖춘 신개념 도시형 문화공간이다.

다는 사실을 익히 알고 있었으므로 근처 편의점에서 미리 준비한 음식을 양손 가득히 들고 좌석으로 갔다. 경기가 시작되고 우리의 승짱^{이승엽의 애칭}이 모습을 보였다.

　"리숭여뿌! 리숭여뿌!"

　혀 짧은 발음에도 노래까지 불러가며 이승엽을 응원하는 모습을 보니 뭉클하기 그지 없었다. 외국에 나오면 모두다 애국자가 된다지만 정말 대한민국의 한사람으로서 너무나 자랑스러웠다. 하지만 안타깝게도 승짱은 5타수 1안타의 부진한 모습을 보였다.

　경기 결과에 상관없이 우리는 분위기에 취해 맥주를 바닥내 버렸다. 주위를 둘러보니 아까부터 레이싱걸 복장을 한 여자들이 농약통 비스 무리한 것을 매고 이곳저곳 돌아다니는 것이 눈에 띄었다. 알고 보니 휴대용 맥주 통이었다. 한국에서도 비슷한 것을 본 적이 있지만 일본은 전원 여자라는 사실!

 남자로서 예쁜 누나들을 본다는 게 마냥 즐거운 일이기는 했지만 땀을 뻘뻘 흘려가며 무거운 통을 매고 맥주를 뿜어대는 누나들이 조금은 안쓰러워 보였다. 야구장이라는 특성상 가격은 조금 야박한데 한잔에 800엔~1000엔 사이. 하지만 이미 알코올을 맛본 사람들에게는 사막의 오아시스 같은 절대적인 존재로 다가온다. 이날 분위기에 취해버린 우리는 1인당 2잔씩을 마셨고 맥주 값만 당시 환율로 32000원 정도가 나왔다. 배보다 배꼽이 더 컸다. 무서운 맥주누님들.

 경기는 야구 경기 중 가장 재미없다는 1:0 스코어가 나왔지만 그 어떤 메이저리그 경기도 부럽지 않았던 너무나 즐거운 시간이었다. 개인적으로 맥주를 좋아하는 편인데 도쿄돔에서 마셨던 그날의 맥주는 음주경력 10년 중에서도 단연 최고이지 않았나 생각된다. 비록 2010년 오릭스로 이적하게 되면서 더이상 도쿄돔에서 활약하는 이승엽을 볼 수 없게 됐지만 마음속으로 남아 이렇게 기원해본다.

 '승짱! 다음에는 꼭 홈런을 부탁해요!'

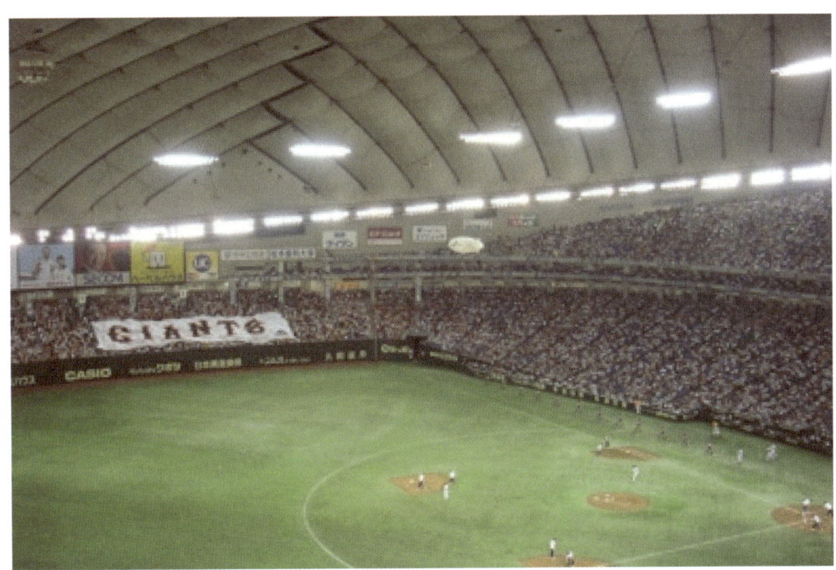

● 바이크는 신문배달 전용!

녀석은 **무서웠다** Ⅱ

녀석의 본거지, 코방(경찰서)

　새벽에 눈을 뜬다는 것은 몇 개월의 시간이 지나도 극복하기 힘든 어려움이지만 배달자체는 잠시 조깅을 다녀오는 수준으로 느껴질 정도로 익숙해졌다. 그렇게 햄버거의 악몽도 잊을 정도로 여유를 찾아가고 있을 때 시련은 또 한 번 나에게 불쑥 찾아왔다.

　그날은 처음으로 보너스를 받은 날이었는데 오랜만에 쇼핑도 할 겸 옷집을 습격하기로 마음을 먹었다. 목표로 삼은 옷집의 위치는 오지에끼王子駅:오지역. 바이크를 타고 역으로 간다는 것이 조금 마음에 걸렸지만 두둑한 지갑과 신장생 7개월 차의 자만심이 나로 하여금 다시금 도전정신을 불러일으켰다. "햄버거의 악몽은 잊어라! 이번엔 기필코 무사귀환을 해주마!" 그렇게 녀석과의 악연은 다시 한 번 시작되고 있었다.

　'저기 보이는 노란 신호♬ 그놈을 만나는 곳 100m 전~'

　역으로 진입하기 전 항상 거쳐야 하는 사거리가 있는데 그곳에서 집중 단속이 이루어진다는 것쯤은 이미 알고 있었다. 나에게 무려 6000엔짜리 햄버거 쿠폰을 선사한 썩은 미소의 녀석이 오늘도 역시 두 눈에 불을 켜고 교통단속을 하고 있었다.

녀석은 날 기억못하지만 난 놈의 얼굴을 똑똑히 기억하고 있다. 어느새 쇼핑에 대한 생각은 사라지고 난 녀석과의 승부만을 생각하고 있었다.

• 첫 번째 공격! 토마레!

토마레止まれ는 일시정지라는 뜻으로 도로가 좁고 일방통행이 많은 일본에 가장 흔히 볼 수 있는 교통법규 신호이다. 일시정지 후 진행차량 및 보행자의 유무를 확인해야하는데 사거리나 일반도로가 아닌 경우에는 속도만 줄이는 경우가 대부분이다. 하지만 사거리의 토마레는 각별히 주의를 해야 하는데 그 이유는 녀석들이 가장 사랑하는 즐겨찾기 단속구간이기 때문이다.

발목잡기용 교통법규 토마레가 시야에 들어왔다. 바이크의 속도를 서서히 줄이고 녀석이 보란 듯이 정확히 일단정지를 했다. 어설프게 속도만 줄였다가는 딴지를 걸 수 있으니 확실히 하는 편이 좋다. 녀석이 아무런 반응을 보이지 않았다. 첫 번째 수비 성공!

토마레는 반드시 일단정지

깜박이의 생활화

• 두 번째 공격! 깜박이!

좌 · 우회전시 깜박이를 사용해야한다는 사실은 전 국민의 99%가 알고 있다고 해도 과언이 아닐 정도의 운전상식이다. 하지만 우리가 누구인가? 하루에도 수십 차례 골목과 골목사이를 누비는 신문라이더가 아니던가. 처음에는 좌 · 우측 깜박이를 정확히 지키지만 시간이 지날수록 골목에서의 깜박이는 종종 무시하게 된다. 특히나 일본은 골목들이 아주 많아서 일일이 깜박이를 켠다는게 조금은 귀찮은 것도 사실이다.

'습관이란 게 무서운 거더군…' 한 번씩 넘어가던 버릇이 어느새 습관이 될지도 모른다. 좌 · 우회전 코너에서의 깜박이는 귀찮더라도 반드시 습관을 들이도록 하자. 언제 녀석이 웃으며 당신에게 6000엔짜리 쿠폰을 건네게 될지 모르니까 말이다.

그렇게 앞차를 따라 법정속도를 유지하며(50cc 30km이하) 유유히 놈과 이별을 고하고 있는데 갑자기 뒤에서 시끄러운 소리가 들렸다. 삐용~삐용~.

　　"거기 앞에 가는 바이크 옆으로 주차하세요!"
　　'바이크? 내가 잘 못 들었나?'
　　"파란바이크! 옆으로 주차하세요!"
　　'내가 타는 바이크가 분명 파란색이긴 한데?'

그제야 슬슬 분위기가 파악되기 시작했다. 경찰차 한 대가 내 뒤에서 정확히 나만을 위한 개인방송을 송출하고 있었다. '긴장하지 말자. 분명 무언가 잘 못 된 게 틀림없어.' 속도를 줄여 도로변으로 바이크를 정차시켰다. 영화에서 보면 이런 상황에서 주인공은 항상 부동자세로 경찰관이 다가오기만을 기다리는데 내가 꼭 그러고 있었다.

　　"잠시 실례하겠습니다! 교통법규를 위반 하셨습니다."
　　"네? 무슨 말씀이시죠? 전 잘못한 것 없는데요?"
　　"50cc 바이크 2차선 주행 위반입니다."
　　"네? 2차선 주행 위반이요?"

그렇다. 일본에서 50cc이하의 바이크는 도로에 인접한 1차선 도로 밖에 주행 할 수 없으며 이를 어길 시에는 엄벌(?)에 처한다는 조항이 있다. 해도 해도 너무한다는 생각이 들었다. 물론 교통법규를 위반했다면 처벌을 받는 것은 당연하지만 한국과는 다른 일본의 교통법규에 매번 당하니 정말이지 울화통이 치밀어 올랐다.

"선생님, 저는 한국학생인데요. 교통법규가 한국과 달라서 정말 몰랐습니다."
"아! 한국 유학생이세요? 공부하시느라 힘드시겠네요?"

또 다시 저 웃음에 마음을 놓고 마는 불쌍한 나.

"아무리 힘들어도 교통법규를 어기시면 곤란하죠."

녀석이 날 놀리기 시작한다.

"정말 몰랐습니다. 한번만 봐주세요. T.T"
"모른다고 잘못을 그냥 넘어갈 수는 없습니다."

비굴모드에서 교전모드로 급선회를 하고 녀석에게 따지기 시작했다.

"아니 그걸 제가 어떻게 압니까?"
"일본면허증 없으세요?"
"아니요. 가지고 있는데요. - -"
"일본면허증을 가지고 있다는 건 일본의 교통법규에 대하여 인지하고 있다고 보는 겁니다. 아시겠습니까?"
"그건, 그렇지만..."

녀석의 논리 정연함 앞에 난 백기를 들고 투항을 할 수 밖에 없었고 이제는 어느덧 익숙해져버린 딱지를 눈앞에 마주하고 있었다.

일본에서는 자주 경찰관과 마주친다.

K.O 패!

한 번 더 딱지를 끊으면 면허정지 된다는 녀석의 친절한 안내멘트를 곱씹으며 걸어서 20분 걸리는 거리를 바이크에 시동도 켜지 않은 채 집까지 끌고 왔다. 무지함으로 절대 권력에 대항하려했던 나의 완벽한 패배였다. 그 뒤로 나는 경찰을 보기만 하면 아예 시동을 꺼버리는 습관을 갖게 되었다.

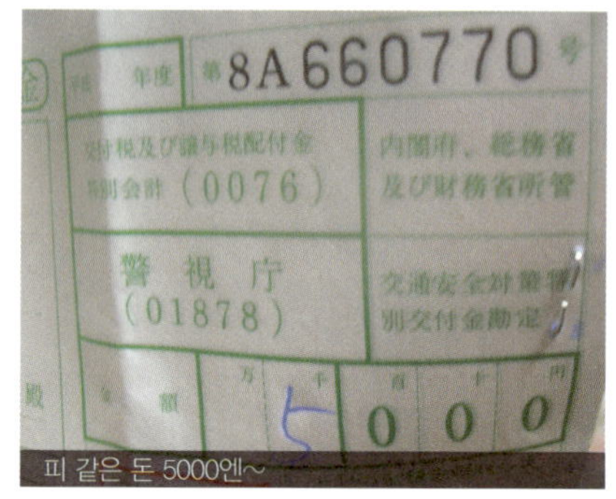

오늘부터 바이크는 신문배달 전용이다! 칙쇼!

● 열심히 일한 당신 떠나라!

야스미 100배 즐기기

골든위크를 목전에 앞둔 햇살 따뜻한 일요일 아침. 보람찬 주말 야스미를 맞이하기 위해 조간배달을 깔끔히 마치고 꿀같은 아침잠도 포기한 채 카메라와 가방을 챙겨들고 아침부터 바삐 집을 나섰다. 프리마켓은 일본에 와서 벌써 3번째지만 신주쿠 공원 프리마켓과 더불어 큰 규모를 자랑하는 요요기 공원 프리마켓은 전부터 손꼽아 기다리던 기대 100%의 주말 스케줄이었다.

요요기 공원은 걷다보면 다리가 아파 다음에 오면 천천히 구경해야지 하는 생각이 들 정도로 도쿄에서 네번째로 큰 규모의 거대한 도심 공원이다. 자그마치 도쿄돔 11개분의 크기를 자랑하는데 골든위크를 앞둔 주말이어서 그런지 아침부터 역주변은 인산인해를 이루었다.

요요기 공원 프리마켓은 공원 안에서 열리지 않는다는 이야기를 인터넷에서 본 적이 있어서 주변을 샅샅이 뒤져봤지만 잡상인의 낌새조차 느껴지지 않았다. 이상할 정도로 많은 개들이 보인다는 사실을 제외하고는 그저 주말의 붐비는 공원정도의 느낌밖에 들지 않았다.

"죄송하지만, 오늘 프리마켓 어디서 열리는지 알고 계신가요?"
"프리마케또? 오늘 안 하는데… "

이게 무신 귀신 씨나라 까먹는 소리인가? 일주일 전부터 준비해온 신뢰성 100% 정보를 가지고 온 나에게 야끼소바 아저씨는 잔인한 말을 건넸다.

"오늘은 프리마케또가 아니라 도그 쇼가 있는 날이야. 도그쇼!"
'도그쇼? 가만있자 도그쇼라 하면… 도그=개. 뭐! 개쇼가 있는 날이라고?!"

이게 무슨 자다가 봉창 두들기는 소리인가? 아침잠도 반납해가며 프리마켓을 위헤 한걸음에 달려온 나에게 개쇼라니… 싫어하지는 않지만 그렇다고 그리 좋아라 하지도 않는 강아지들을 보기위해 이 먼 길을 달려왔다고 생각하니 따사롭던 햇살이 갑자기 따갑게 느껴졌다.

어쩐지 하라주쿠 역에서부터 개들이 이상할 정도로 많이 돌아다니고 있었다. 그 때 직감했어야 했는데 이제 와서 스스로의 준비부족을 탓해 본들 무엇하리. 새로운 경험이라고 생각하고 도그 쇼라도 구경하기 위해 공원으로 들어갔다.

요요기 공원의 도그쇼. 결론부터 이야기하면 아주 큰 규모의 강아지 동호회 정모 느낌이었다. 날씨 좋은 일요일 주말 강아지를 사랑하는 사람들이 공원에 모여 산책을 하는… − −;;

'이왕 이렇게 된 바에 산책한다는 기분으로 공원이나 즐겨보자!' 인간은 착각의 동물이라고 누가 말했던가? 마음을 비우자 개들의 천국으로 보이던 요요기 공원이 아름다운 요요기파크로 눈에 들어오기 시작했다.

신학기를 맞이해서 공원으로 피크닉을 나온 대학교 신입생들, 샌드위치와 먹을거리를 준비해 잔디밭에서 따사로운 햇살을 즐기는 다정스러운 연인들, 벤치에 앉아 조용히 독서를 즐기는 사람, 저마다 자신의 방식으로 요요기 공원의 주말을 즐기고 있었다.

요요기 공원은 우에노 공원 못지않은 크기를 자랑하는데 조금 다른 점이 있다면 우에노 공원에 비해 피크닉을 즐기기 좋은 잔디가 많다는 점이다. 이전에는 공원하면 호수와 잔디로 대표되는 정형화된 모습들만 떠올랐지만 일본의 공원은 저마다 다른 얼굴을 가지고 있다는 점이 재미있게 느껴졌다. 언젠가 시간이 된다면 일본의 공원을 테마로 하는 여행을 다녀도 좋겠다는 생각을 했다.

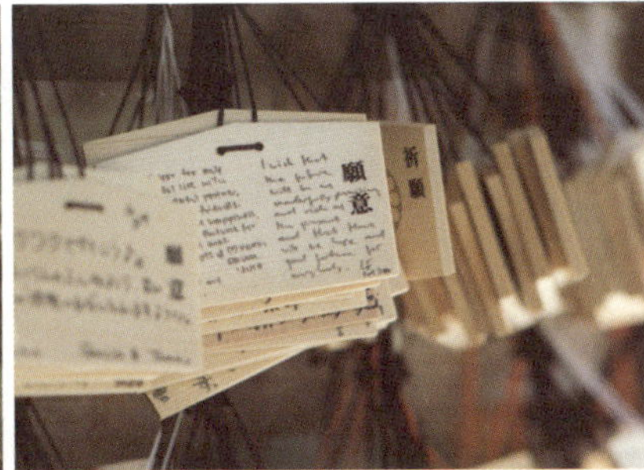

도쿄신문도 접수하다

To. 용기씨에게

한동안 연락 못 드렸네요. 잘 지내시죠?

이 업종이 변화가 거의 없는 단순직으로 알고 있었는데 이래저래 일들이 많아서 그런지 다이내믹한 기분마저 드는 요즘입니다.

4월 : 배달구역 일부 변경(1/4 정도 바뀌었고 조금 힘들어졌음)

5월 : 조간배달만 하는 사람이 늘어서, 석간 때 구역을 분담해서 배달하게 됨. 즉, 배달량 15% 증가, 하지만 월급은 그대로...

6월 : 근처에 있던 마이니치신문사가 망해서, 마이니치신문은 요미우리로, 함께 취급하던 도쿄신문과 주니치스포츠는 우리 아사히신문에서 접수하게 되었음. 역시 배달량 증가, 월급은 그대로...

환상적인 배달속도를 낼만하면 자꾸 바뀌어서 요즘 조간은 6시 전에 끝내기가 무척 힘들어졌습니다. 전에는 컨디션 좋으면 5시 20분에 끝날 때도 많았는데 이젠 6시가 돼야 간신히 끝마칠 정도입니다. 석간은 말해봐야 슬프기만 하구요. 정말 열심히 뛰어야 이전의 배달시간과 비슷해지는데, 날이 점점 더워져서 걷기도 힘듭니다.

제 구역에는 도쿄신문 28부, 주니치 2부가 추가되었습니다. 다행이 도쿄신문은 아사히신문에 비하면 신문 자체도 얇고 짜라시 양이 적어서 크게 부담되지는 않지만 이게 좀 골치 아픈 상황을 연출하고 있습니다. 우선 불착 확률이 증가했습니다. 불착이야 개인적인 노력으로 해결할 수 있다지만 진짜 문제는 신문도착시간이 불규칙한 점입니다. 조간은 미세에 너무 늦게 오고 석간은 너무 빨리 오는데 조간이 늦게 오다보니 어떤 날은 아사히, 닛케이 짜라시를 다 넣어도 도쿄신문이 안 와서 출발을 못 하는 경우도 있습니다.

반대로 석간은 너무 빨리 와서 기존 도쿄신문 독자들은 석간을 받는 시간이 무척 빨랐던 것 같습니다. 그래서인지 '왜 아직까지 신문이 안 오냐'고 항의전화가 오기도 하는데 이런 경우는 어쩔 수 없이 먼저 배달해

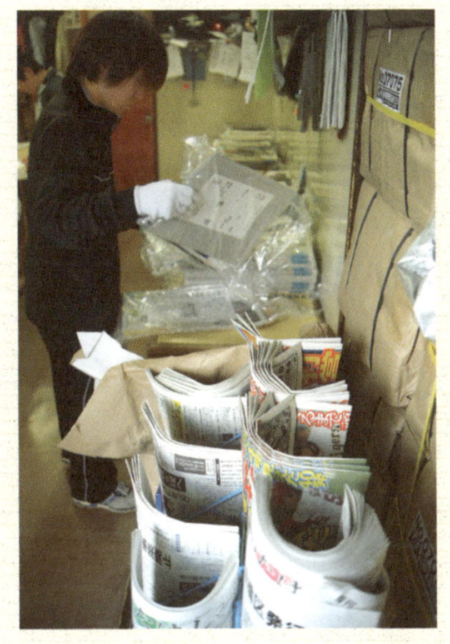

줘야 하기 때문에 석간 때에도 쥰로쵸대로 배달을 못하게 됩니다. 보통 이렇게 신문을 빨리 보내달라는 독자는 조간이 대부분인데 도쿄신문 때문에 조·석간 모두 쥰로쵸 순서가 엉망이 되었습니다. 원래 쥰로쵸(順路帳)라는 게 최적의 동선으로 최단기간의 코스를 만들어 놓것인데 말입니다. 제 구역에는 그런 독자가 자그마치 10명이 넘어서기 때문에 쥰로쵸는 말 그대로 이론이고 실제 배달순서는 전혀 다릅니다. 이론과 실제는 다르다는 사실을 다시 한 번 일깨워주시는 고마우선(?) 분들입니다.

아무튼 도쿄신문도 볼 수 있게 된 점에서 위안 아닌 위안을 찾고 있습니다. 원래 신문배달을 선택한 이유도 여러 종류의 신문을 보기 위해서였기 때문에 새로운 종류의 신문을 볼 수 있게 된 점에서 그나마 '마음의 평안'을 찾으려고 하고 있습니다. 하지만 이건 어디까지나 희망

사항이고 신문이 너무 많다보니까 오히려 절려서 보기가 싫어집니다. 자장면집 알바가 자장면을 안 먹으려고 하는 것과 비슷하다고 할까요?

문득 든 생각인데 신문장학생의 대다수는 신문을 하는 기간 동안 신문을 제대로 읽지 못하는 상태에서 귀국하거나 다른 일로 전향한다는 생각이 들었습니다. 제가 7월 학기부턴 중급 2단계이고 JLPT 2급 모의시험을 보면 보통 400점 만점에 370점 이상 나오는데 여전히 신문을 읽는 것은 어렵습니다. 기본적으로 모르는 한자가 너무 많아서 읽다가 끊기는 경우가 많습니다. 아무래도 신문을 자연스럽게 읽으려면 1급 수준의 한자와 어휘는 완벽하게 알아야 할 것 같다는 생각이 듭니다.

신문배달을 하면 여러 종류의 신문을 공짜로 볼 수도 있고 유익한 정보도 쉽게 얻을 수 있는데 글자를 몰라서 그리고 관심이 없어서 고급 정보를 그냥 흘려보내고 있다고 생각하니 왠지 씁쓸한 기분이 듭니다. 읽을 수 없다면 그건 정보를 배달하는 게 아니라 '종이뭉치'를 배달하고 있는 셈이 될 테니까요.

도쿄 통신원 아이쯔로 부터

19 오리코미(折り込み : 삽지, 찌라시 작업)

완성된 오리코미

折り込み広告料金　一覧表　（税込み）			
	A5 · B5	A4 · B4	A3 · B3
	(税抜きは1枚 2.7円)	(税抜きは1枚 3.3円)	(税抜きは1枚 4.5円)
500枚	1417 円	1732 円	2362 円
1000枚	2835 円	3465 円	4725 円
1500枚	4252 円	5197 円	7087 円
2000枚	5670 円	6930 円	9450 円
2500枚	7087 円	8662 円	11812 円
3000枚	8505 円	10395 円	14175 円
3500枚	9922 円	12127 円	16537 円
4000枚	11340 円	13860 円	18900 円

찌라시 광고 요금표

오리코미는 여러 종류의 찌라시를 신문에 넣기 좋게 한 묶음으로 만드는 작업이다. 기본적으로 찌라시를 하나의 묶음(백화점 세일 전단지처럼 여러장으로 된 찌라시 묶음)으로 만드는 작업은 오리코미 기계를 이용하지만 찌라시 묶음을 다시 하나로 합치는 작업은 결국 사람이 해야한다.

※ 조간 배달시 하는 쿠미코미 작업은 오리코미를 마친 찌라시를 신문 속에 넣는 작업이다.

오리코미를 하는 것을 두고 흔히 '찌라시를 친다.' 라고 말하는데 '오늘 찌라시 3단 쳤네, 4단 쳤네.' 라고 하는 것은 3, 4종류의 찌라시 묶음을 정리하였다는 것을 말한다.

한 묶음으로 이루어진 찌라시를 신문에 넣는 것을 쿠미코미라 하고 석간배달 후 다음날 조간에 들어갈 찌라시를 만드는 것을 오리코미라 한다. 오리코미는 쿠미코미를 위한 선 작업이다(석간은 찌라시 없음). 따라서 조간보다는 석간 찌라시 작업이 좀 더 시간이 소요되는 편이며 찌라시를 쳐야하는 단수가 늘어날수록 종이의 두께가 얇아질수록 시간은 더 걸리게 된다.

찌라시는 배달원들에게 그리 달갑지 않은 존재이지만 미세 입장에서는 구독료에 뒤지지 않는 아주 중요한 수입원이다. 일반적으로는 평일보다 주말이 1.5배에서 2배정도 많은 편이며 구독부수와 찌라시의 양은 비례하기 때문에 찌라시가 두껍다는 것은 그만큼 독자가 많고 장사가 잘된다는 뜻이기도 하다. 보급소가 잘 되면 어찌되었든 좋은 일이라고 생각 할 수도 있지만 반대로 신장생 입장으로 봤을 때에는 찌라시 업무의 압박이 상당하다고 해석할 수도 있다. 다행히 우리 미세는 조금 영세한 편이여서 오리코미의 양이 그다지 많지 않았지만, 어학교에서 알게 된 어떤 사람은 매일 같이 거의 1시간씩 5단 찌라시를 치고 주말은 신문보다 찌라시의 두께가 더 두꺼워져서 가히 공포스러울 정도라고 했다. 하지만 장사가 잘 되는 미세일수록 기숙사 등의 복지시설은 좋은 편이기 때문에 딱 어느 쪽이 좋다 나쁘다고는 말하기 어렵다.

가장 쉬운 2단 찌라시 찌라시를 하나로 합치고 바닥에 치고 두들겨서 정리하면 완성!

오리코미 작업시간은 찌라시의 양과 능숙도에 따라서 많은 차이를 보이지만 200부 2단 찌라시를 기준으로 약 20분 정도가 소요되는 작업이다. 일반적으로 석간이 끝나고 작업을 하는 경우가 많지만 출발 전에 미리 해놓는 사람도 있다. 그리고 맨손으로 작업을 할 경우 손이 베일 수 있으니 장갑을 착용하는 것이 좋다.

20 일본 교통법규 2탄

일본에 와서 힘들었던 것 중에 한 가지가 바로 교통법규에 대한 문제였다.

일본에 오기 전 사전공부를 통해 일본은 한국과 주행방향이 반대라는 것 정도는 알고 있어서 '상식적인 수준이면 되겠지' 하고 안일하게 생각을 했다. 하지만 경찰에게 두 번씩 걸리고 피 같은 돈이 교통범칙금으로 빠져나가자 나의 생각에도 변화가 오기 시작했다. '이대로는 안 되겠어, 무언가 대책을 세워야겠어!' 비슷하지만 다른 점도 많은 일본 교통법규를 낱낱이 해부해 보았다.

∵ 우선권의 법칙

우선권의 법칙이란, 통행과 진입에 대한 권리를 우선적으로 부여하겠다는 것인데 일본의 모든 도로는 이 우선권의 원칙이 적용된다고 보면 된다. 예를 들면, 골목 사거리에 들어섰는데 내가 서있는 바닥에 토마레가 써있다면 나의 우선권은 0%이다. 하지만 반대로 교차되는 도로를 달리는 운행자는 우선권이 100%가 된다. 따라서 사고가 난다면 이유여하를 막론하고 우선권의 원칙으로 인해 모든 손해배상을 책임져야 한다. 그래서 이 원칙을 인지하는 일본사람들은 토마레를 철저히 지키는 것이고 그 좁은 길에서도 마음껏 다닐 수 있는 것이다.

좌측통행

한국과 일본의 가장 큰 차이점은 한국은 우측통행 일본은 좌측통행이라는 점이다. '난 이미 알고 있어' 라며 대수롭지 않게 여기는 경우가 많은데, 한인회 행사나 한국인의 밤 모임이 있는 날이면 역주행으로 인한 추돌하고가 증가한다는 말이 그저 우스겟소리처럼 들리지는 않는다.

나 역시 역주행까지는 아니지만 좌측통행으로 인해 종종 접촉사고(?)가 일어나곤 했다. 바이크를 타다보면 골목길에서 자전거나 행인들과 종종 마주치게 되는데 정면으로 맞딱드려진 상황에서는 순간적으로 나도 모르게 몸이 우측으로 반응하며 쿵! 하고 부딪치곤 했다. 20년 넘게 몸에 밴 습관을 갑자기 바꾼다는 것은 생각만큼이나 쉽지 않았다.

좌회전, 우회전

· 교차로에서 우회전시

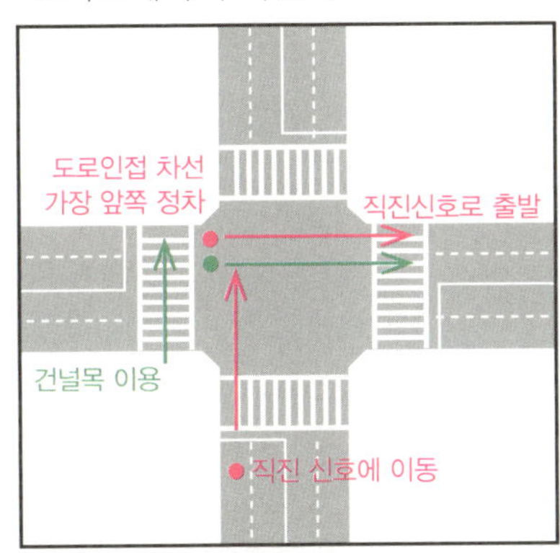

일본에는 세계 어디에서도 보지못한 아주 해괴한 교통법규가 한 가지 있는데 바로 50cc이하의 원동기는 직접 우회전을 금지한다는 법률이다. 편도 3차선이상 도로에서는 반드시 2단 우회전을 해야만 우회전이 가능하다는 말이다. 그런데 2단 우회전은 또 뭐냐고? 2단 우회전이란 50cc 이하의 원동기로 우회전을 할 경우 지켜야하는 법규이다.

하나. 일단 진행 방향으로 직진 후 왼쪽편 차선(인도에 인접한 차선) 맨 앞쪽에 정차했다가 교차되는 도로의 직진신호가 켜지면 가는 방법(50cc이하 바이크는 1차선으로 진입할 수 없다)

둘. 시동을 끄고 바이크를 끌고 횡단보도로 건너는 방법이다.

· 교차로에서 좌회전시

사거리에서의 좌회전은 우리나라의 우회전과 비슷하지만 직진신호를 받아야 가능하다(주의 : 보행자신호도 파란색이므로 횡단보도의 보행자주의). 그리고 파란불인 경우에도 바로 좌회전을 하는 것이 아니라 반드시 '토마레'를 지킨 상태에서 진입을 시도해야 한다.

· 여기서 한 가지 더!

교통 법규상 바이크는 두 발이 지면에 닿아야만 비로소 토마레를 했다고 간주한다. 물론 일반적으로 한 발만 지면에 닿아도 토마레로 인정을 해주기는 하지만 재수가 없어서 경찰이 눈에 불을 키고 잡으려고 달려들면 꼼짝없이 딱지를 끊는 수밖에 없다. 새벽에 눈비비고 일어나 피땀 흘려 모은 돈을 우리의 적 시로바이크(白バイク : 경찰 오토바이가 흰색이라서 일명 시로바이크로 불린다)에게 상납하며 날려버리는 비참한 일은 우리 모두 피해야한다.

시.시.콜.콜　한국어로 된 책이 있다?

JAF(사단 법인 일본 자동차 연맹)에서는 일본의 교통 규칙을 알기 쉽게 설명한 책자를 판매하고 있는데 한국어로도 번역이 되어 있으므로 좀 더 자세한 내용을 알고 싶다면 구입해보자.

도쿄 지부 03-6833-9100
(9:00~17:30, 토요일 일요일 공휴일 및 연말연시 휴무)
홈페이지 http://www.jaf.or.jp/

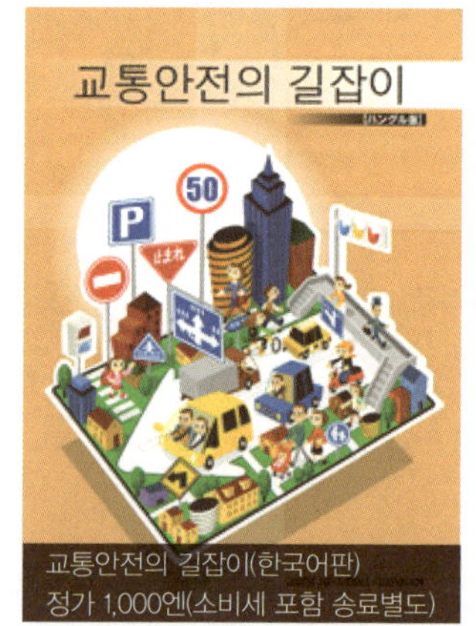

교통안전의 길잡이(한국어판)
정가 1,000엔(소비세 포함 송료별도)

50cc 바이크에 관한 대박 짜증나는 교통법규

- 인도에서는 무조건 바이크의 시동을 끌 것
- 헬멧을 착용하지 않고는 단 1M도 이동하지 말 것
- 반드시 인도와 인접한 차선으로만 다닐 것
- 최고 속도 30km를 지킬 것
- 사거리에서는 2단 우회전을 할 것

등등

● ● 알고 싶어요 ●

21 일본 자전거 교통법규!

일본에서 자전거는 운동기구이기 이전에 생활에 꼭 필요한 교통수단으로 서의 의미를 가진다. 그래서 한국과는 다르게 아주 엄격한 교통법규를 적용 하는데, '무식이 죄' 라는 이유로 피 같은 돈을 벌금으로 내지 않으려면 자 동차, 바이크와 같이 하나의 교통수단으로서 자전거를 바라보는 것이 좋다. 신문배달을 자전거로 하게 될 경우 꼭 알아두자!!

처벌수위로 정리해본 일본의 주요 자전거 법규

- 5년 이하의 징역 또는 100만엔 이하의 벌금
    음주운전금지 – 술을 마시고 운전을 한 경우

- 3개월 이하의 징역 또는 5만엔 이하의 벌금
    신호무시&일시정지위반 – 신호를 무시하거나 일지정지(토마레)를 하지 않 을 경우

- 5만엔 이하의 벌금
    신호불이행 – 우회전, 좌회전 신호를 하지 않은 경우
    운전자의 준수사항 위반 – 양손을 놓고 타거나, 우산을 쓰고 운전하는 경우
    야간 무점등 – 밤에 라이트를 키지 않을 경우

- 2만엔 이하의 벌금 또는 과태료
    병진금지 – 나란히 자전거를 탈 경우
    승차인원 제한위반 – 두 명이 같이 자전거를 탈 경우

- 그 밖에 주의해야 할 사항
    운행 중 흡연금지
    자전거를 타고 강아지 산보 금지
    손이나 핸들에 짐을 걸치고 자전거를 타는 행위
    하이힐을 신고 자전거를 타는 행위
    한 손으로 운전하는 행위
    두 손을 놓고 타는 행위
    정차는 반드시 지정된 곳에 할 것

명의자와 운전자가 같아야 한다

엄청난 양의 관련법규에 과연 자전거를 타라는 건지, 말라는 건지, 헷갈리는 것이 사실이지만 그만큼 안전한 자전거 문화 정착에 힘을 쏟는다는 반증일 것이다.

도약기

마음의 하루

정말이지 오랜 만에 긴자로 돌아 왔다.

번화가이지만, 시끄럽지 않고

화려하지만, 번잡하지 않은

세련되고 절제된 힘이 느껴지는 곳

일러스트 전시회가 있어

휴일, 시간을 내서 오게 되었다.

오랜만의 나들이라 그런지

봄바람이 부는 것 같다.

햇살도 따스하고 말이다.

여기, 일본에서 느끼는 것이지만,

한국, 중국, 일본 세 나라는

닮은 점도 많은 만큼

서로 다른 얼굴을 하고 있다.

문화적으로나

경제적으로나

오늘도 눈이 아닌

마음으로 느낀 하루였다.

키는 반드시 **뽑아** 놓을 것

날씨와 기온에 따라서 부수도 적고 찌라시도 없는 석간이 조간보다 더 힘들어 지는 경우도 생기는데, 그날도 낮 최고기온 30도를 웃도는 무척이나 더운 날이었다.

본격적인 여름시즌이 다가와서 그런지 평소보다 몸이 나른하고 다리에 힘도 없었다. '이제 거의 끝났다. 조금만 더 힘내자!' 다짐하며 힘을 내서 맨션 앞에 바이크를 세우고 신문을 챙기고 있는데 아이들이 안쪽에서 우르르 뛰어 나왔다. 물총으로 장난치는 아이들이 어찌나 시원해 보이던지 남은 신문이고 뭐고 다 집어던지고 나도 같이 물장난이라도 치고 싶은 심정이었다.

하지만 난 엄연한 신문배달부! 정신을 차리고 남은 신문과 함께 엘리베이터에 올라섰다. 5층...4층...3층...2층...1층... 맨션을 뱅글뱅글 한 바퀴 돌고나니 신문으로 가득 차 있던 옆구리가 어느새 가벼워졌다. "앗싸! 오늘 배달 끝!" 뿌듯한 기분으로 배달을 마치고 미세로 돌아가려는데... 없었다. 아니, 사라져 버렸다!!!

분명히 시동을 끄고 열쇠를 꽂아 놨는데 흔적도 없이 사라져 버렸다. 바이크라도 없어졌으면 내가 이해라도 하지. 열쇠만 가져가는 이 변태 같은 행동은 무엇이란 말인가? 혹시 나도 모르게 열쇠를 챙겨뒀나 싶어서 주머니를 샅샅이 뒤졌지만 동전하나 나오지 않았다. 그리고 그 순간 내 뒤통수를 때리는 또 한 가지 사실이 떠올랐다. 집 열쇠! 열쇠를 따로 보관하면 불편하고 잘 잃어버릴까봐 바이크 열쇠랑 같이 묶어 놨는데 입에서 욕이 절로 나왔다. 햇볕은 뜨겁고 이마에 땀은 흘러내리고 음주배달 사건 이후로 최악의 장면이 연출되고 있었다. 혹시나 싶어 움직였던 동선을 따라 맨션 복도를 자세히 훑어 보았지만 역시나 열쇠는 보이지 않았다.

흘러내리는 땀을 닦으며 다시 한 번 기억을 되짚었다. 뜨거운 태양. 흐르는 땀방울. 정지 된 바이크. 아이들과 물총… 아무리 생각을 해도 열쇠가 발이 달려 스스로 도망가지 않는 한 납득이 될 만한 장면이 떠오르지 않았다. 하지만 이유가 어찌 됐든 내게 있어 가장 중요한 문제는 바이크를 어떻게 미세까지 끌고 가느냐 하는 것이었다.

오후 4시, 최고기온 30도를 웃도는 무더운 날씨에 머리에 수건을 두른 키 큰 청년이 무거운 바이크를 끌고 보이지 않는 미세를 향해 무거운 발걸음으로 도로 위를 힘겹게 걸어간다. 저벅, 저벅… 지금 생각해도 짜증에 몸서리가 쳐지는 최악의 광경이다. 그렇게 장장 30분여의 사투 끝에 겨우겨우 미세로 복귀할 수 있었다.

"다… 다… 이… 마…" (ただいま。다녀왔습니다.)
"용! 무슨 일 있었어? 평소보다 많이 늦었네?

할배 눈치하나는 빠르다.

"바이크 열쇠를 누가 훔쳐
   갔어요. T.T"
"뭐! 열쇠를 잃어버렸다고?
   오마에! 관리를 어떻게 하
   는 거야!!!"

옆에서 신문을 보고 있던 텐

쵸가 갑자기 언성을 높이며 전투모드로 변신하기 시작했다.

"그러니까 맨션 들어 갈 때는 열쇠를 갖고 다니라고 했잖아!"

"전 그런 말 들어본 적 없는데요." (때로는 적당한 말대꾸도 필요하다.)

퉁명스럽게 던지는 텐쵸의 한마디

"열쇠만 없어졌다면 아마 애들이 장난으로 가져 갔을 거야."

애들? 그래 맞다! 물총을 쏘면서 우르르 뛰어나오던 애들! 범인은 바로 그놈들이었다. 내가 왜 그 생각을 하지 못 했을까? 할배의 이야기를 들어보니 1구는 맨션이 많아서 그런지 비슷한 일이 종종 발생한다고 한다. 그래도 스페어 키가 있었으니 망정이지 일이 커져버릴 뻔 했다.

그나저나 집에는 어떻게 들어가야 한담…

시.시.콜.콜   열쇠는 반드시 챙겨라

만약 배달 중에 바이크에 고장, 펑크, 가솔린 부족으로 인해 움직일 수 없는 상황이 발생한다면 당황하지 말고 바로 미세에 도움을 요청하자. 가장 중요한 것은 배달이기 때문에 예비 바이크라도 이용해서 배달을 마쳐야한다. 그리고 바이크 열쇠를 분실하면 가장 큰 피해자는 운전자 바로 자신이다. 그러므로 분실에 대비하여 여분의 스페어 키가 준비되어 있는지 미리 확인해 두자. 그리고 바이크에 키가 꽂혀 있으면 최악의 경우 바이크 자체를 도난당할 우려도 있으니 시야에서 벗어나는 경우에는 반드시 키를 뽑아 놓도록 하자.

일반키 복사비 평균 500~1000엔

신발수선 ,열쇠복사 전문점은 전철역에서 쉽게 볼 수 있다.

● 우리나라 김, 이, 박씨 같은 일본의 성

일본인 이름은 왜?

발음을 모르면 읽을 수 없다.
- 마에다 마츠시로

일본어는 흔히 처음은 쉽지만 갈수록 어려워진다는 이야기를 많이 하는데 그 이유 중 한 가지가 바로 한자이다. 한자는 상형문자이기 때문에 글자 자체가 뜻을 나타내기는 하지만 발음을 모르면 읽을 수 없는데 특히나 이름의 경우에는 모두 한자로 이루어져 있고 이름에만 쓰이는 성명자도 있어서 일본사람들도 사전을 찾아가며 읽는 경우가 많다.

수금을 하다보면 읽기 싫더라도 문패나 수금용지를 통해 한자이름을 자주 이름을 접하게 되는데 이 때문에 자연스럽게 일본사람의 이름에 대해서도 관심이 생기기 시작했다.

일본에는 21만개 이상의 성씨가 존재한다고 한다. 우리나라의 360여개에 비하면 완전 말도 안 되는 숫자이다. 이렇게 많은 성씨가 생겨난 데는 재미있는 일화가 있다.

조선시대 중후기에 해당되는 일본의 에도시대까지 일반 서민은 성姓 자체가 없었다. 그러던 것이 메이지시대에 들어서, '백성들아! 모두 너만의 성씨를 갖도록 하여라.’는 천왕의 명령에 따라 전 국민이 성씨姓氏를 가지게 되었다.

귀족들이나 고위무사들만 사용하던 성씨를 자신들도 가질 수 있다는 사실에 백성들은 모두 기뻐하였지만, 없던 성씨를 갑자기 만들어야 했기 때문에, 많은 사람들은 고민에 빠졌다. 자신이 쓰던 이름을 그대로 성씨로 만드는 사람도 있었지만 많은 사람들은 근처 절에 가서 스님에게 부탁을 했다고 한다. 몰려드는 사람들이 너무 많아 고민을 하던 스님은 적당히 산山이나 시내川, 밭田 등 상담하러 온 사람의 집 근처의 풍경에서 적당한 한자를 서로 조합시켜 만들었고 그것이 지금 일본 사람들의 성씨가 되었다고 한다. 아래의 예를 보면 쉽게 알 수 있다.

작은 샘 근처에 사는 사람에게는 고이즈미小泉 – 일본 전 총리
집에 소나무가 심어져있는 사람에게는 마츠시타松下 – 파나소닉 창업자
산의 입구에 사는 사람은 야마구치山口 – 전 국가대표 골키퍼

실제 유래가 그러한지는 일본내부에서도 여러 말들이 많지만 자연풍경이나 동·식물에서 가져온 이름이 대부분인 것은 사실이다. 심지어 야채나 동물의 이름을 따서 붙이는 경우도 많았다고 하니 우리나라와는 그 유래가 많이 다른 것 같다.

우리나라의 김, 이, 박씨 같이 일본에도 어디든 꼭 한명씩은 있는 성씨가 있는데 사토, 스즈키, 다카하시를 성씨로 사용하는 사람이 가장 많다. 그리고 보니 내 구역에도 한 스무 명의 스즈키 상이 존재했다. 그리고 뜻이 아닌 발음이 재미난 성씨도 있는데 가장 대표적인 것이 ‘伊關’ 읽어보면 ‘이새끼’로 발음이 나는데 만약 아는 사람 중에 이 성씨를 사용하는 사람이 있다면 부르기 참 민망스러울 것 같다.

“이새끼상! 이새끼상!”

일본 사람들을 상대방을 부를 때 주로 성만 부르는데 만약 이름이 ‘스즈키 이치로’라면 스즈키상이라고만 하면 된다. 그리고 이메일을 보내거나 편지를 작성할 때는 발음이 같아도 한자가 다를 수 있으므로 틀리지 않도록 주의해야만 한다. 예를 들면 마유미真弓,   마유미真由実의 경우이다.

시.시.콜.콜 일본인이 사용하는 성씨 Best 10

- 1위 − 사토(佐藤) − 텐쵸의 성
- 2위 − 스즈키(鈴木) : 유명한 일본의 야구 선수인 '스즈키 이치로'
- 3위 − 다카하시(高橋)
- 4위 − 다나카(田中)
- 5위 − 와타나베(渡辺)
- 6위 − 이토(伊藤) : 대한민국 국민이라면 누구나 알고 있는 '이토 히로부미'
- 7위 − 야마모토(山本) : 장군의 아들에서 나오는 앞잡이의 대표, 야마모토 순사!
- 8위 − 나카무라(中村) : 한국에 철수가 있다면 일본에는 나카무라가 있다.
- 9위 − 고바야시(小林) : 일본의 대표 제약기업인 고바야시 제약
- 10위 − 사이토(斎藤)

이외에도 자동차로 잘 알려진 혼다(本田), 마츠다(松田), 토요타(豊田), 사사키(佐木), 마츠모토(松本) 등 일본에는 수많은 성씨들이 존재하며 지금도 계속 만들어지고 있다.

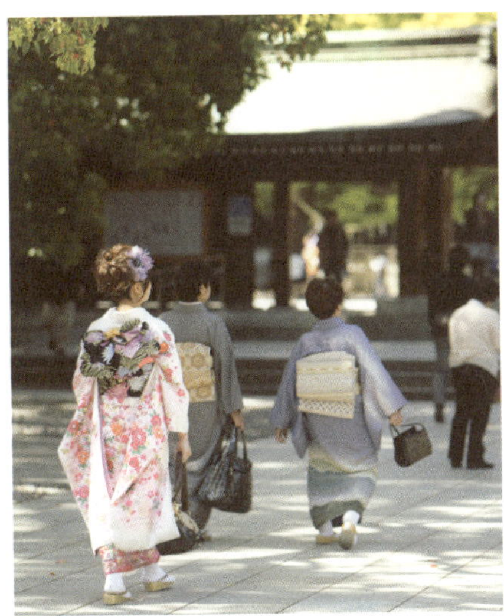

● 다른 곳은 어떨까?

요미우리신문 코이와점

요미우리신문 코이와점

   내가 있던 요미우리신문 히가시오지점은 체계화된 느낌보다는 자유롭게 일을 할 수 있는 곳이었는데 가능하다면 시스템이 체계화된 큰 규모의 미세를 한 번 방문해 보고 싶었다. 마침 코이와^{小岩 : 지명}에서 신문장학생으로 계시는 김은희님의 도움으로 주말을 이용해 요미우리신문 코이와점을 방문 할 수 있었다.

   지하철 막차를 타고 코이와에 도착한 시간은 새벽 1시 보급소에 도착하자 문 앞에 벌써 광고지가 도착되어 있는데 그 양이 우리 미세의 3배 정도였다. 코이와점이 18개 구역을 담당한다는 것은 알고 있었지만 꽤나 장사가 잘 되는 곳 같았다. 미세 안은 잘 정돈되어 있어서 마치 신문장학생 소개광고에서나 보아오던 그런 느낌이었다. 우리 미세와는 확연히 다른 ^^;;.

   미세 안은 중앙 작업대를 중심으로 한쪽에는 포장기, 분류기, 복사기 등의 기계류가 놓여 있고 다른 한편에는 수납장과 게시판 등이 붙어 있었다. 중앙에 작업대를 놓는 것은 대부분의 보급소에서 가장 쉽게 볼 수 있는 구조인데 주로 신문을 분류하거나, 찌라시 작업용으로 사용된다. 우리미세는 가끔 회식 장소로 사용하기도 한다. 기계류에서는 별다른 특이점을 발견하지 못 했지만 규모가 커서 그런지 오리코미기折込機 : 찌라시 분류기를 2대나 보유하고 있었다. 이 기계는 2000cc 승용차 한 대 가격과 맞먹을 정도로 비싸기 때문에 대부분의 미세에서는 렌탈 형식으로 사용을 한다.

코이와점 내부

깔끔하다는 것을 제외하고는 별다른 차이점을 발견하지 못하고 있는데 게시판 쪽으로 눈을 돌리자 유난히 눈에 띄는 2가지가 있었다. 바로 불착게시판과 야스미 일정표! 불착표를 살펴보니 발생횟수과 실명을 표시해 놓았고 하늘을 찌를 듯한 불착률을 자랑하는 몇 명의 무리들이 존재하고 있었다. 불착에 대한 처리방법은 미세마다 조금씩 다른데 미세에 따라 적당한 선에서 주의를 주는 곳도 있고 벌금을 매기는 곳도 있다. 하지만 불착으로 인해 계약이 자주 해지된다거나 항의가 심하게 들어오

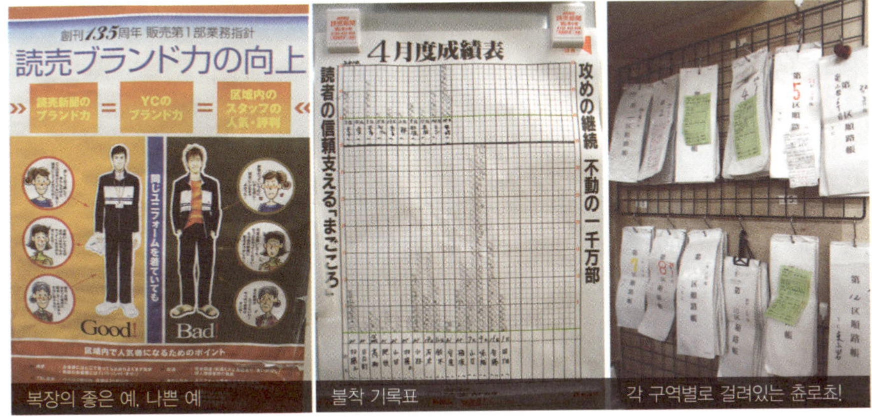

복장의 좋은 예, 나쁜 예   불착 기록표   각 구역별로 걸려있는 쥰로쵸!

지 않는다면 보통의 경우는 경고선에서 마무리를 하는 편이다. 코이와에서도 별도의 벌금이나 제재가 있는 것은 아니지만 경각심을 높이는 차원에서 별도의 표를 만들어 관리하고 있다고 했다. 그만큼 불착은 민감한 관리대상인 것이다. 내 시선을 잡아끌었던 야스미 일정표는 1주일분의 배달구역과 야스미를 인쇄하여 게시판에 걸어놓았다. 정신없이 이곳저곳을 살펴보고 있는데 밖이 소란스러워졌다. 시계를 보니 어느덧 사람들이 출근할 시간이 가까워져 있었다.

시.시.콜.콜

'챠캉!' 하고 소리를 내며 출근시간과 퇴근시간을 자동으로 표시해주는 출퇴근 체크기는 미세에 따라 사용하는 곳이 있고 그렇지 않은 곳이 있다. 아무래도 없는 편이 편하겠지만 만약 미세에 출퇴근 체크기가 설치되어 있다면 잊지 말고 카드부터 체크하자! 땀 흘려 일한 월급을 한 푼도 빠짐없이 챙겨먹는 가장 간단한 방법이다.

신간계약서

안장 밑에 한 장씩~

잊지말고 체크

분리수거

서비스용품

낫질은 조심조심

● 다른곳은 어떨까?

조간준비 엿보기

직원들이 운반차를 가져다 놓고 얼마 지나지 않아서 배송차가 모습을 드러냈다. 배송차의 도착시간은 보통 2시 30분에서 3시 사이인데 중간에 교통사고나 다른 문제로 인해 배송이 지연되면 보급소로 연락이 온다. 이런 날은 액땜한다고 생각하고 마음을 비우는 편이 좋다. 배송차가 늦어지는 만큼 완료시간도 늦어지니까. 그리고 배송창고와의 거리에 따라 보급소마다 최대 1시간까지 차이가 나기도 한다. 작은 미세는 손으로도 많이 하는데 운반차까지 사용하는 걸로 봐서 신문의 양을 짐작할 수 있었다.

사람들이 일렬로 줄을 서서 신문을 한 뭉치씩 운반차로 옮기기 시작했다. 운반차에서 한 번에 보급소 안으로 들어가려는 의도였다. 카미우케는 배달원이라면 당연히 해야 하는 업무이기는 하지만, 무조건 해야 하는 의무는 아니기 때문에 일찍 나온 사람이나 센교들이 주로 받는 편이다. 그렇다고 매일 늦게 나오면 눈치가 보이니 미세의 분위기를 봐서 적당히 처신하자.

코이와는 총 18개 구역을 관할하는 만큼 예상대로 신문의 양이 엄청 났다. 수령된 신문은 보급소 안으로 옮겨져서 각 구역에 맞게 분류작업을 거치는데, 서로의 역할 분담이 잘 되어 있어서 일사분란하게 작업이 잘 이루어졌다. 하지만 미세 규모가 커서 그런지 준비 작업에 시간이 많이 걸리는 모습이었다. 조금 투박한 맛은 있지만 작은 미세가 신속하게 움직이기에는 더욱 유리한 것 같았다.

신문은 한 뭉치에 80부가 보통이지만 때에 따라서 60부, 100부 씩 포장되는 경우도 있기 때문에 정확히 몇 부인지 확인해야 실수가 없다.

신문을 종류별로 구분 한 다음 노끈과 비닐은 돌돌 말아 잘 정리를 해주고 각자의 배달 부수만큼 작업대로 가지고 가서 본격적인 찌라시 작업을 시작한다. 정식 명칭은 쿠미코미組み込み 일명 '삽지' 라고 불리는 광고지 넣기 작업이다.

찌라시를 칠 때에는 사람에 따라서 장갑을 애용하는 사람, 골무를 끼는 사람, 맨손으로 일하는 사람 저마다 다른데 나는 장갑을 선호한다. 귀찮아서 맨손으로 하는 경우도 간혹 있지만 웬만한 경력자가 아니고서는 종이에 살을 베이기 쉽다.

쿠미코미가 끝나면 보통은 바이크에 옮겨 싣는 게 정상인데 조금 다른 점이 있었다. 일정량의 신문을 별도로 포장해 문 앞 손수레에 가져다 놓는 것이었다. 그제야 탁! 하고 머릿속을 스쳐가는 것이 있었다. '츄우케이中継 : 중계'

중계는 배달시간 단축을 위해 오토바이나 자전거 등에 다 싣지 못한 신문을 미리 배달할 곳의 중간지점에 옮겨 놓는 일을 말하는데 중계에 대해서 알고는 있었지만 직접 보기는 처음이었다. 우리 미세에도 중계가 있다면 좋겠다는 생각이 들었다. 물론 그만큼 지역이 넓다는 뜻이기도 하겠지만 중계분량을 차에 싣는 것까지 구경하고 나니 어느새 대부분의 찌라시 작업이 마무리 되고 출발 준비를 하고 있었다.

자, 본격적인 조간배달 엿보기, 스타또!

紙分け(かみわけ)카미와케 신문을 종류별로 분류하는 일

중계를 위한 별도의 포장

출발준비

중계를 부탁해.

출발!

조간배달 엿보기

　자전거는 한 번에 실을 수 있는 양이 적고 페달을 밟아야 한다는 치명적인 단점이 있지만 언덕이 없고 골목골목으로 이어져 있는 주택단지의 경우 이동이 자유롭고 인도로도 다닐 수 있다는 장점이 있다. 여성의 경우는 바이크 보다는 자전거를 많이 이용하는데, 면허가 없어서인 경우도 있지만 바이크 보다는 안전하다고 여기기 때문으로 생각된다.

　배달작업은 골목길과 주택사이를 오가며 쉼 없이 계속되었다. 처음 준비했던 신문이 거의 다 떨어질 무렵 가로등 밑에서 얌전히 기다리고 있는 한 무덩이의 신문이 눈에 들어 왔다. 중계 장소는 보통 해당 배달원의 동선을 고려하여 배달 중간지점 쯤에 놓이는데, 한 번에 많은 양을 실을 수 없는 자전거의 특성상 2번에 걸쳐 보충을 한다.

　바이크가 운전기술로서 시간을 줄 일수 있다면 자전거는 정차기술로서 시간을 단축시킬 수 있다. 바이크의 경우 사이드 스탠드를 사용 할 수 있기 때문에 정차와 동시에 바이크를 세워 놓을 수가 있지만 자전거는 뒷바퀴에 달린 센터스탠드를 이용해야 하기 때문에 정차에도 많은 힘이 들었다.

그래서 생각한 것이 바로 '자전거 기대기!' 기둥이나, 담벼락 같이 자전거를 기댈 수 있는 곳에 정차시킴으로서 배달시간을 단축시키고 스탠드를 세워야 하는 수고를 덜어준다.

조간배달은 차와 사람이 드문 시간대에 이루어지기 때문에 석간보다는 교통사고의 위험이 현저히 낮긴 하지만 교통사고라는 것이 언제 어떻게 발생하지는 모르는 일이기 때문에 한 순간이라도 방심을 해서는 안 된다. 그리고 같은 시간대에는 배달하는 사람들과도 자주 마주치기 때문에 사거리나 교차로에서는 반드시 감속을 하고 주위를 잘 살펴야한다.

● 아아아... 아아아

납량특집

늦은 밤 회사 화장실에서 이상한 여자를 보고 놀란 히토미는 경비에게 도움을 요청하였지만 어찌된 일인지 경비마저 자신의 눈앞에서 사라지는 것을 목격하고 황급히 회사를 뛰쳐나와 집으로 향한다. 겁에 질린 히토미는 엘리베이터를 타고 마침 이웃으로 보이는 여성이 같이 타고자 달려왔지만 너무 무서웠던 나머지 그냥 혼자서 올라가 버린다.

'위이이잉' 문이 닫히고 엘리베이터가 움직이기 시작하자 히토미는 그제서야 안정을 찾기 시작한다. 창을 통에 자신을 바라보는 토시오의 시선을 느끼지 못 한 채...

바로 이 장면은 영화관을 가득 매운 관객들을 공포의 도가니로 몰아넣은 은근히 섬뜩한 영화 '주온' 의 엘리베이터 씬이다. 올라가는 엘리베이터의 창을 통해 꼬마아이가 여주인공을 계속 바라보는 이 섬뜩한 장면은 일본의 보편화된 창이 보이는 엘리베이터에서 힌트를 얻은 장면이다.

　밖이 보이기 때문에 심리적으로 안정감을 가질 수 있다는 점을 역으로 이용한 이 장면 때문에 실제로 엘리베이터 타기를 꺼려하는 사람들이 많아졌을 정도라고 한다. 누구나 한번쯤은 저녁 늦은 시간 엘리베이터를 타면서 왠지 모를 불안감에 심박수가 빨리 뛰었던 경험이 있을 것이다. 문이 열렸는데 아무도 없으면 무서워서 닫힘 버튼을 계속해서 빨리 누른다던가, 문이 열리자마자 뛰어드는 사람으로 인해 '엄마야' 하고 깜짝 놀랐던 경험. 엘리베이터 자체가 무섭다기보다는 보이지 않기 때문에 느끼는 심리적인 공포감이 상상력으로 확대되면서 엘리베이터라는 공간 자체가 무섭게 느껴진다고 생각된다.

　담당구역에 아파트가 많다는 얘기를 처음 들었을 때는 주택보다 편하겠다는 생각에 마냥 좋아라 했지만 한편으로 새벽에 엘리베이터를 타야한다고 생각하니 그저 기뻐만 할 수만은 없었다. '덩치는 산 만한게 뭐가 그리 겁이 많은거야!' 라고 한다면 뭐라 할 말은 없지만 어린시절 폐쇄공포증이 있었을 정도로 밀폐된 공간은 나에게 두려움의 대상이었다.

　하지만 다행히 일본은 한국과 다르게 창을 통해서 밖을 확인 할 수 있었고 이점이 나의 두려움을 많이 완화시켜주었다. 적어도 이 영화를 보기 전까지는 말이다.

　　"아아아... 아아아.. 아아아..."

보물섬을 발견하다

"규진아, 혹시 동네근처에 괜찮은 서점 있어?"
"웬 서점? 형, 야한잡지 사려고 그러죠?"
"- -;; 대답만 하시게나."
"형이 저번에 교통위반으로 걸렸다는 사거리 있잖아요. 그 맞은편에 보면
서점이 하나 있어요. 헌책방이긴 한데 책도 많고 가격도 괜찮아요."

역 앞 사거리... 눈앞에서 교통딱지가 아른거리는 저주의 장소. 위치가 그다지 마
음에 들지는 않았지만 책을 읽고 싶다는 의지하나로 주섬주섬 옷을 챙겨 입고 집을
나섰다. 물론 바이크는 집 앞에 고이 모셔둔 채로.

서점의 외관은 우리나라의 헌책방과 비슷한 느낌이었지만 내부는 헌책방이라고
생각 할 수 없을 정도로 깨끗이 정리되어 있었고 각 층별로 책의 장르와 분야에 맞게
관리, 판매하고 있었다. 한 장 한 장 빳빳한 새 책의 깔끔한 느낌도 좋지만 난 누군
지 모르는 사람의 손때와 시간의 흐름이 묻어나는 헌책의 따스함도 무척이나 좋다.

서점에 온 이상 언젠가 꼭 한번 일본어로 읽어보고 싶었던 '그 책' 을 사야겠다고

마음을 먹었다. 책의 마지막장을 넘기고도 한참 동안이나 두근거리는 마음을 진정시켜야만 했던 그 책! '냉정과 열정사이 에쿠니 가오리가 쓴 Rosso를 더욱 사랑한다' 원문으로 만나는 아오이와 준세이는 어떤 모습일까? 생각을 하니 벌써부터 가슴이 두근거렸다.

"음, 저기 '냉정과 열정사이' 있나요?"
"혹시 '냉정과 정열사이冷静と劣情の間'를 말씀하시는 건가요?"
"네! 정열사이... 그거 주세요 ^^;; "
"없는데요. – –"

무심한 사람. 준세이와 아오이를 만나기에 아직 내 일본어실력이 부족해서였을까? 에쿠니 작가님과의 만남은 다음 기회로 미뤄야만 했다.

● 탄생화

오늘에서야 나의 탄생화를 알게 됐다. 우연히 발견한 책에서 말이다. 필연인지 우연인지는 모르겠지만, 내가 좋아하는 무라사키(보라색) 꽃이란다.

4월 11일 – jacob's ladder
꽃말 – 기다리고 있어요.
보라색 꽃잎을 가진 가련한 꽃.

'제곱의 사다리' 라는 이름을 가지고 있는데 줄기에 돋아난 잎사귀가 사다리의 그것을 닮아서 붙여졌다고 한다. 하늘을 오르내리던 천사의 사다리. 천국까지 오를 수 있다는 제곱의 사다리. 하지만 조금은 가련한 꽃 같다. 슬플 때, 외로울 때, 별이 떨어지듯 마음이 아플 때에도 그 누구도 알아주는 사람 하나 없이 오직 자신의 연인만이 알아주기를 기다리는... '기다립니다.' 하고 조용히 읊조리면 반드시 님이 온다는 조금은 슬픈 이야기를 가진 꽃. 'はなしのぶ(하나비노부)' 왠지 정감이 간다.

● 일본의 중고책방 구경하기 ●

단 돈 100엔! 잘만 고르면 보물을 발견 할 수도 있다.

감정을 위해 놓여있는 만화책

● 그 밖에 즐겨 찾던 나의 단골 가게들 ●

교자의 왕좌

아오야마 플라워마켓

요시노야

목욕탕

미스터 도넛

마루카와

배달구역 소폭 변경

To. 용기씨에게

이번 주 금요일부터 배달구역이 소폭 변경되었습니다. 배달원 1명이 일을 그만두면서 구역 하나를 없애고 나머지 구역으로 분산시켜 버린 것입니다.

제 담당구역도 1/4 정도가 다른 곳으로 떨어져 나가고 그 만큼의 구역이 새로 추가 되었습니다. 아직 정확히 계산해 본 건 아니지만, 아마 신문부수상으로 30~40부정도 늘어날 것 같고, 배달 시간은 새로운 구역을 모두 외워서 익숙해졌다고 가정한다면, 기존보다 10~15분 정도는 늘어날 것 같습니다.

배달시간의 증가는 신문부수가 증가한 탓도 있지만, 그보다는 새로운 구역의 거리적 특성과 더욱 밀접한 관계가 있습니다. 우선 미세에서 거리가 멀고, 비탈진 곳이고, 단독주택이 뿔뿔이 분산된 지역일수록 시간이 더 많이 걸리는 편입니다. 떨어져 나가는 구역은 제 담당구역 중에서 가장 배달하기 편한 곳이었는데(좁고 평평한 지역에 맨션이 몰려 있죠.), 새로 추가되는 곳은 그와 정 반대입니다. 완전 응가 밟았습니다.

지난 주 4일 정도 새로운 구역을 시범 삼아 돌려 봤습니다. 기존 구역을 그대로 배달하면서 추가한 것이라서 육체적으로 힘이 들기도 했지만 그보다는 기분이 좀 찜찜했습니다. 편한 곳은 남 주고, 힘든 곳을 받아서 안타까운 마음 금할 길이 없지만, '뭐 그래 봤자 힘들면 얼마나 힘들겠어? 생각하고 좋은 쪽으로 받아들이기로 했습니다. 사실 똑같은 지역을 6개월 반복하니까 슬슬 지겨워지기 시작했는데, 적당한 시점에 새로운 여행거(?)가 추가되었다고 생각하고 있습니다.

그런데 이번 구역변경이, 요즘 입버릇처럼 말하는 경제가 어려워서 그렇게 하는 것인지, 아니면 좀 더 높은 수익을 얻기 위한 경영합리화(?)인 것인지는 잘 모르겠습니다. 다만, 구독자가 많이 줄어서 전보다 경영이 어려워졌냐하면 그렇지는 않아 보입니다.

어쨌든 저는 전보다 업무량이 늘어나게 되었습니다. 배달구변동의 여파로 조, 석간 배달시간이 15분 정도 늘어났는데 설상가상으로 또다시 10분이 추가 되었습니다. 요즘 무척 우울한 나날을 보내고 있습니다.

1명이 그만두는 바람에 배달구역을 변경 했었는데 2명이 추가로 석간 배달을 그만 두는 바람에 하는 수 없이 나머지 사람들이 분배해서 배달하게 되었습니다.

석간은 보통 3시 15분에 미세를 출발해서 4시 50분이면 배달이 끝납니다. 그랬던 것이, 구역 변경으로 5시를 넘게 되었고, 여기에 다른 구역 신문이 늘어나면서 결국 요즘 석간은 5시 20분 쯤 끝나고 있습니다. (언젠가 컨디션 좋았을 때 최고기록인 4시 20분도 돌파했었는데, 앞으로는 5시도 벅차 보입니다.)

석간에 다른 구역 신문을 여러 명이 분담해서 배달하는 것은 무척 번거로운 일입니다. 원래 자신의 담당 구역이 아니기 때문에, 불착이 날 확률도 커질뿐더러 피로도 역시 증가하게 되니까요. 그래서 미세에서도 배달원 알바 모집을 하는 광고를 벌써 한 달 전부터 내고 있는데, 아직 사람을 뽑지 못하고 있습니다.

요즘 일본 언론은 입만 열면 불황, 고용 악화, 실업률 증가를 말하고 있는데, 일본 내의 신문배달 인력이 일본 젊은이들도 빠르게 대체되고 있다는 기사나, 지원자가 늘어나서 신문장학생을 하고 싶어도 하지 못한다는 이야기는 적어도 저희 미세와는 거리가 멀어 보입니다. 조건이 안 좋은 것도, 환경이 열악한 것도 아닌데 말이죠.

신문 배달이 고급스런 일은 아니지만, 그래도 여학생들도 하는 일인데, 불황에 실업자가 넘쳐난다는 이 시기에 왜 사람을 못 뽑는 건지, 정말 불가사의한 일입니다.

도쿄 통신원 아이쯔로부터

p.s 신문 배달이 그렇게 기피 업종이란 말인가요?

22 수금 그리고 일본

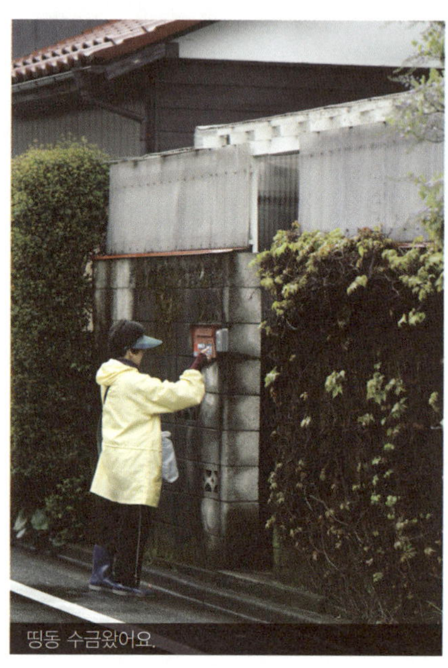

띵동 수금왔어요.

경제대국이자 첨단 기술력을 바탕으로 완벽한 사회시스템을 갖춘 나라 일본에 존재하는 지극히 아날로그적인 요금 지불 시스템이 있었으니 그것은 바로 수금!

조폭영화에서 깍두기 형들이 술집을 상대로 보호비를 받으러 다니거나 일수 가방을 들고 도장을 찍으러 다니시던 아주머니가 떠오를 정도로 약간은 부정적이고 번잡한 수금방법이 첨단을 대표하는 21세기 일본에선 너무나도 당연한 일상의 한 부분이었다. 자동이체로 신문대금을 지불하는 가구도 있긴 하지만 고객의 80% 이상이 여전히 방문식 수금제를 선호하고 있다. 비효율적이고, 번잡한 수금제도가 어째서 아직까지 이어져 내려오는지 이해가 되지 않았다. 자판기에 돈을 넣고 신문을 가져가는 모습마저 자연스러운 일본과는 어쩐지 어울리지 않는 느낌이었다. 하지만 아니 땐 굴뚝에 연기 나랴! 우리 미세의 브레인 사수 할배에게 도움를 요청했다.

"할배, 일본에는 자동이체로 대금을 지불하는 사람들이 왜 이렇게 적어요?"

"일본인들은 걱정이 많아. 자동이체가 편하다는 건 알지만 개인정보 유출같은 혹시 생길지 모를 문제들을 걱정하는 거지. 그리고 일본인은 옛날의 문화를 온전히 보전하려는 경향이 있어. 뭐랄까 변화를 거부한다기 보다는 원래의 모습을 간직하고 싶어 한다고 할까. 가령 신문대금은 배달원과 직접 마주해서 지불하는 게 당연하다고 생

　각하는 거지."

역시 할배! 그 말을 듣고 보니 그동안 품어왔던 여타의 의문들이 일소에 해
소되는 것 같았다. 옛스럽고 중후함까지 풍기는 단일 차종의 도요타 크라운
(한국의 그랜저)만을 고집하는 일본택시, 같은 모자, 같은 사각형가방을 복
사해서 붙여넣기한 듯한 일본꼬마들, 유카타를 입고 야키소바를 먹으며 하
나비를 즐기는 일본사람들, 그들은 그렇게 전통을 보전하고 지켜나가는 것
에 편안함을 느끼는 것이었다.

수금의 경우도 마찬가지로 전통을 중시하는 사고방식과 방문식 수금이 마
케팅 및 계약유지에 있어서도 가장 유용하다고 믿고 있는 신문사의 경영방
식이 가정방문 수금제도를 유지시키는 가장 큰 이유라 생각된다. 고객의 입
장에서도 요구사항 및 서비스용품 등 자신의 의견을 가장 확실하게 어필할
수 있는 기회이기 때문에 자동이체의 편리함보다는 방문수금이라는 익숙
함을 유지해가고 있는 것이 아닐까 생각한다.

현장에서 바로 써먹는 실전 수금 TIP

• 수금 TIP. 하나 – 잔금처리

앞에서도 이야기 했지만 방문 전에 반드시 영수증과 패키지(쓰레기봉투, 신문수거 종이백)를 같이 준비해야 하는데, 수금이 85%를 넘기면 일단은 1차 고비는 넘겼다고 보면 된다. 그때부터는 미수금 가정과 특정일 수금 가정만이 남게 되는데 이때 약간의 센스가 필요하다. 이 경우 출발 전 영수증과 거스름돈을 미리 준비해 나가자. 석간이 끝남과 동시에 수금 할 곳을 방문하면 간단히 끝낼 수 있다. 물론 석간을 돌리면서 수금을 같이 할 수도 있지만 동시에 진행 할 경우 배달시간 지연은 물론 불착이 날 확률도 높아지기 때문에 배달과 수금은 분리하는 것이 좋다. 이 방법은 잔금 처리 시 상당히 유용하다.

그리고 우천 시에는 서비스 품목을 챙겨 다니기가 쉽지 않은데(일반적으로는 우천 시에는 수금을 하지 않는다), 이럴 때는 수금가방과 영수증만 챙겨서 수금을 해보자. 영수증은 바로 건네고 서비스품은 내일 챙겨 드리겠다고 말하면 아무런 문제가 없다.

수금을 하다 보면 꽤나 많은 시간을 투자해야 한다. 그러므로 최대한 빠른 시일 내에 1차 기준을 채우고 잔금 처리로 넘어가길 추천한다. 경험상 3일정도 석간종료 후 수금에만 올인 한다면 85% 채우는 것은 그리 어렵지 않다. 그 이후로는 쉬엄쉬엄 잔금을 회수하면 된다.
※ 수금액 50만 엔 기준 : 일일 2시간씩 4일 정도

• 수금 TIP. 둘 – 돌려막기

수금 수당을 받기 위해선 반드시 최소 수금율을 채워야 하는데(1차 정산 – 85%, 2차 정산 – 90%, 3차 정산 – 95%), 한 두 집이 모자라 곤란을 겪는 경우라면 일명 돌려막기를 하는 편이 낫다. 돌려막기란? 부족한 수금액만큼을 준비금으로 채워넣고, 수금을 받아서

다시 준비금을 매워나가는 일종의 편법인데. 이 방법을 사용하면 한 두 집 때문에 고생하는 일이 줄어든다. 매우 편리한 방법이지만 임시방편이라고 생각해야지 지나친 남용은 화가 되어 돌아온다.

• 수금 TIP. 셋 – 일괄지급

패키지는 수금의 여부와 관계없이 첫 번째 방문시 지급하는 것이 좋다. 이 방법은 손님의 부재로 인해 다시 방문할 때 패키지를 챙겨야하는 수고를 덜어주고 손님으로 하여금 방문 여부를 확인 시켜주는 역할을 한다. 내 경우 처음 수금시 매번 패키지를 챙겨 갔는데, 나중에는 패키지를 지급했는지 아닌지 조차 헷갈리곤 했다. 물론 티켓이나 중요한 서비스품은 수금시 직접 건네주는 것이 좋다.

인생의 디딤돌

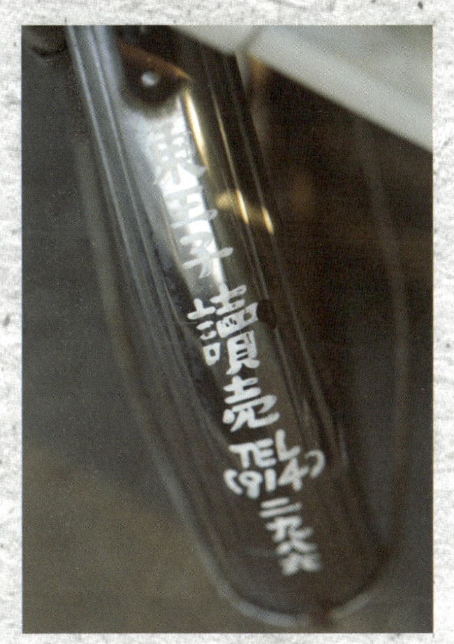

혼자여서

먹는 식사가 아닌 척

바쁜 척 보낸 문자함 지우기를 할 필요가 없는 곳

머리에 수건을 두르고

덥수룩한 수염을 내보여도

누구하나 시선을 보내지 않는 곳

남이 아닌 내가 주인공이 되는 곳

난 그래서 도쿄가 좋다.

● 당신에게 가장 중요한 것

인생의 순위

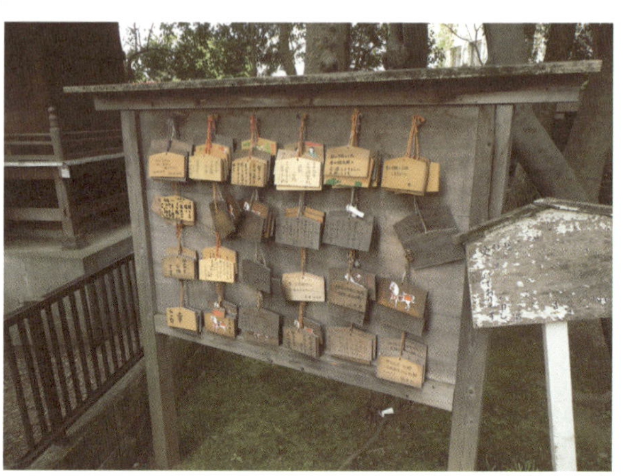

　밤하늘을 수놓는 하나비의 불빛이 여름의 끝을 알리면서, 끝날 것 같지 않던 나의 여행도 어느새 마지막을 향해 달려가고 있었다. 어학교의 중급반에서는 매주 화요일마다 한가지의 주제를 정해 자신의 생각을 이야기하는 토론식 수업을 진행했는데 그날의 주제는 '삶에 있어 가장 중요한 것은?' 이란 조금은 무게감 있는 내용이었다. 깊이 있는 이야기를 풀어낼 정도는 아니었지만 모르는 단어는 사전을 찾아가며 차례차례로 발표를 시작했다.

　　"삶에 있어 가장 중요한 것은 어쩌고저쩌고…"
　　"제가 생각하는 삶에 있어 NO.1은 어쩌고저쩌고…"
　　"현실적으로 생각했을 때 가장 중요한 것은 어쩌구저쩌구…"

　우리 반은 15명 전원이 한국사람인데(한국인지 일본인지 분간이 안 될 정도였다) 시작과 표현방식만 달랐지 모두가 같은 대답이었다.

　　"뭐니 뭐니 해도 돈이 짱입니다"

돈에 얽매이는 삶을 살지 않겠다는 나 역시 '현실적' 이라는 말을 핑계 삼아 그들과 같은 이야기를 하고 있었다. 모두의 같은 대답에 조금은 씁쓸한 생각이 들던 그때 선생님은 우리에게 한 가지 물음을 던졌다.

"제가 일본어 강사를 시작하지 이제 3년밖에 되지 않았지만 한 가지 늘 궁금하던 것이 있었어요. 삶에 가장 중요한 것이 무엇이냐는 이 질문에 한국학생들은 왜 항상 '돈' 이라고만 대답을 하는 거죠?" 그 질문에 누구하나 대답을 하는 사람이 없었다. 나도 안다. 꿈, 건강, 사랑, 돈보다 중요한 것은 이 세상에 너무나 많다. 하지만 가족을 먹여 살려야하는 40대 가장도 아니고 지독하게 가난을 경험해 본 새마을 운동 세대도 아닌 우리가 왜 이렇게 돈에만 집착하고 있는 것일까?

"그럼 선생님은 무엇이 가장 중요하다고 생각하세요?"
"저는 돈도 중요하지만 인생에 있어 가장 중요한 것은 '사랑' 이라고 생각해요."

푸 하하하!!! 순간 교실은 웃음바다로 변해버렸다.

"선생님 그건 너무 이상적인 이야기구여, 현실적으로는 돈이 가장 중요하죠."
"글쎄요. 과연 무엇이 현실적인지는 모르겠지만 저는 사랑이 이상적이라고는 생각해 본 적이 없어요."

선생님께 반론을 제기하는 학생들도 있었지만 결국은 '현실' 이라는 말을 구실로 자기를 합리화하는 모습으로 밖에 보이지 않았다. 수업은 그렇게 끝나 버렸지만 그날의 경험은 나로 하여금 많은 생각을 하게 만들었다.

어디선가 주위들은 자아실현의 욕구 5단계 설에 의하면 사람에게는 5가지 욕구가 존재한다고 한다. 1단계는 먹고, 싸고, 자야하는 인간의 가장 기본적인 욕구인 생리적 욕구. 2단계는 육체와 심리적인 안정을 바라는 안전욕구. 3단계는 애정욕구. 4단계는 존경과 사랑을 받고 싶어 하는 존경욕구. 과장님이 부장님이 되려하고 조폭이 국회의원을 꿈꾸는 바로 그런 욕구이다. 마지막 5단계는 극히 일부의 사람만 도달한다는 자아실현의 단계이다. 자기성찰을 통하여 성장하고, 자신의 잠재력을 극대화하여 자아를 완성시켜 나가려는 욕구이다.

왜 갑자기 심리학 강의를 남발하냐고 생각할진 모르겠지만 한국과 일본을 한 명의 인간으로 생각했을 때 우리는 아직 2단계 속에서 안전욕구를 쉼없이 채워나가고 있는 것 같다는 생각이 든다. 생존에 필요한 기본적인 의식주는 해결되었지만 좀 더 안정되고 좀 더 좋은 환경과 생활을 영위하려는 단계. 그에 반에 얼마나 배를 채웠냐. 보다는 누구와 함께 무엇으로 배를 채웠나에 고민을 하는 사람이 일본인들이 아닐까 생각이 들었다. 경제력이 우리나라 보다 높다고 해서 무조건 잘사는 것이라 생각하진 않는다. 하지만 인간은 배가 부르면 그 다음의 것을 찾게 되기 마련이다. 이제는 얼추 배를 채우고 디저트를 찾는 그들과 아직은 배가 고픈 우리들과의 거리는 분명히 존재한다고 생각한다.

あなたの人生に一番大切なものは何ですか？
인생에 있어 당신에게 가장 중요한 것은 무엇입니까?

● 마지막 여행, 그리고 그날의 기억

어느 날 갑자기

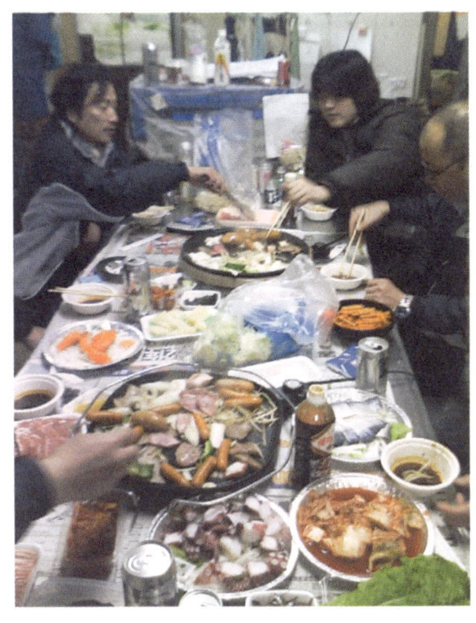

　　보통 워킹홀리데이나 유학의 마무리라고 하면 그간 지내왔던 사람들과 인사를 나누거나 일을 해왔다면 후임자와 인수인계를 하기 마련이지만 나는 그럴수가 없었다. 출국 전날까지도 신문을 돌렸고 학교를 다녔다. 일본 유학생활 1년을 채우려다 보니 약 2주일 정도 중국대학의 복학시점과 겹치게 되었다. 하지만 나 살겠다고 미리 그만두고 나올 수는 없었기 때문에 나도 살고 보급소도 살 수 있는 상생의 묘수를 생각해 내야만 했다.

　　그것은 바로 '휴가반납!' 텐쵸와 협의해 야스미를 반납하고 퇴직(?)일자를 앞당기는 선택을 했다. 그 결과 마지막 2달은 단 하루도 쉴 수가 없었다. 그러다 보니 송별회를 마치고도 신문을 돌리는 어처구니없는 상황까지 벌어졌다. 말년휴가 복귀 후 훈련을 받는 기분이랄까? 나의 마지막은 그렇게 그리고 갑자기 끝나 버렸다.

마지막 여행, 그리고 그날의 기억

　　오후가 되니 머리가 복잡해지기 시작했다. 주인을 잘 못 만나 수없이 넘어지고 깨지면서도 고장한번 없었던 바이크 녀석과도 안녕이고, 이른 새벽 부스스한 내 몸에 잠 깨라며 쌀쌀한 기운을 불어넣던 도쿄의 새벽공기와도 작별할 시간이다. 내일부터는 잠도 마음껏 잘 수 있고 신문을 만질 일도 없어서 마음이 가벼울 줄 알았는데, 막상 마지막이라 생각하니 발걸음이 무거웠다.

'속 시원할 줄 알았는데... 그렇지도 않네...'

평소에는 일분이라도 빨리 끝내려고 그렇게 기를 쓰고 달렸었는데 오늘은 조금이라도 더 간직하려고 천천히 걸음을 옮겼다.

마지막 배달을 마치고 미세로 돌아와보니 모두들 나를 기다리고 있었다. 사수 할배 에바라상, 꼴초 키다상, 벤또청년 시미즈, 시골청년 오우다, 요리사 규진이, 동생 규성이 그리고 텐쵸까지.

모두와 인사를 하고 마지막으로 감사의 말을 전했다.

"사실 잘 믿어지지 않습니다. 일본어라고는 '하이'와 '스미마셍' 밖에 모르던 제가 마지막 인사를 드린다고 생각하니 더욱 그런 것 같습니다. 지난 1년은 제게 쉽지 않은 시간이었습니다. 반복되는 생활 속에서 후회한 적도 많았고, 포기하고 싶은 적도 많았습니다. 하지만 여러분의 도움이 있어 전 견뎌낼 수 있었고 지금은 건강한 몸과 무엇이든 할 수 있다는 용기가 생겼습니다. 물론 돈도 조금 남았습니다.(웃음) 부족한 저를 예쁘게 봐주시고, 아껴주셔서 너무도 감사했습니다. 모두 건강하시고. 다시 웃는 모습으로 만날 수 있기를 기도하겠습니다. 아리가또 고자이마시따."

다케시 형

규동

하야토

회장님

유카

건화

마유미

키다상

오우다

시미즈

할배 ─ 에바라상

마지막 **만찬**

　　마지막 정리를 해가던 어느날 갑작스러운 다케시 형의 전화에 얼렁뚱땅 주말 약속
이 생겼다. 약속장소는 형과 우리집 중간 정도가 되는 도쿄에끼^{東京駅 : 도쿄역}지만 우
리의 목적지는 도쿄역에서 4정거장 거리에 위치한 츠키시마^{月島 : 월도}라는 곳이었다.

　　"형. 진짜 오꼬노미야끼 먹으러 가는 거 아니에요?"
　　"오꼬노미야끼는 오사카랑 히로시마가 유명하고 오늘은 도교에서만 맛 볼
　　수 있는 음식을 먹으러 가는 거야!"

　　기대가 크면 실망도 큰 법인데 이사람, 잔뜩이나 기대하게 만든다. 츠키시마에는
봄비가 내리는 쌀쌀한 날씨에도 불구하고 회식을 하러온 직장인들을 볼 수 있는데
한국의 유흥가와는 조금 다른 일본특유의 정돈된 느낌의 먹자거리였다. 이 수많은
몽쟈야키 전문점 중에서 우리의 발걸음을 허락할 곳은 어디란 말인가? 이런 나의
우려에도 아랑 곳 않고 께시형은 친히 나를 인도하였다.

　　'이마이' 라고 불리는 이곳은 츠키시마 1번가에 위치한 몽쟈야끼 전문점으로 형 말

로는 이곳이 원조라고 했다. '직접 먹고 판단해 주겠어! 아직까지는 형태조차 애매 모호한 미지의 음식인지라 일단은 눈으로 직접 확인 해보고 싶었다. 옆 테이블을 슬쩍 돌아보니 언뜻 봐서는 오꼬노미야끼와 마찬가지로 철판에 구워서 먹는 듯 했다.

그런데 그 형태가 요상했다. 오꼬노미야끼는 부침개처럼 구울수록 딱딱하게 변해 가지만 이 녀석은 구워도 구워도 그저 말랑한 형태를 유지할 뿐이었다. 먹는 방법도 젓가락이나 숟가락으로 먹는 것이 아닌 조그만 주걱으로 철판을 긁어가며 먹어야하는, 정말이지 음식이라고 이름을 붙이는 것조차 약간 망설여지기까지 했다. 하지만 그 생각도 잠시 뿐 맛이 정말 환상적이었다. 먹어보시라!

맛있는 몽쟈야끼를 만드는 법.

1. 우선 건더기와 스프(국물)가 들어 있는 그릇이 나오면 달궈진 철판에 건더기만 먼저 볶는다.
2. 골고루 섞어가며 볶다가 양배추가 익었다 싶으면 동그랗게 도넛 모양을 만든다.
3. 도넛의 가운데에 남은 스프를 넘치지 않게 조금씩 부어넣는다.
※시멘트를 물과 섞는 과정과 동일하다.(비유가 참 —;;)
4. 동그란 형태를 유지해가며 스프가 익기 시작하면 전체적으로 섞어준다.
5. 다익은 몽쟈를 주걱으로 떠먹는다.

몽쟈야끼를 120% 더 맛있게 즐기는 법.

1. 몽쟈를 먹을 땐 주걱으로 그냥 떠먹는 것이 아니라 철판에 지지면서 '누룽지' 형태로 만들어 먹어야 더욱 맛있다. '지글지글 지져먹는 몽쟈~'
2. 몽쟈는 단짝친구 나마비루(生ビール : 생맥주)와 먹어야 그 맛을 배로 즐길 수 있다. 시원한 맥주와 몽쟈 한 스푼에 행복감 충만!
3. 몽쟈만으로 부족한 분들에게 권하는 몽쟈친구 오꼬노미야끼, 오꼬노미야끼를 먹어 봤다고 자신하지 마라. 최강의 맛을 자랑한다!
4. 더욱 색다른 맛을 원한다면 인기메뉴 NO.2 명란젓 몽쟈를 강력 추천!

졸업식

TO. 용기씨에게

안녕하세요. 아이쯔입니다.

오랜만에 연락을 드리게 되는군요.

일본어학교의 졸업식이 꼭 보고 싶었다는 용기 씨의 말이 생각나서 늦었지만 이렇게 몇 자 적어 보냅니다.

적지 않은 나이에 10월 학기 생으로 입학하여 어언 1년 반이란 시간을 보내고 드디어 어학교를 졸업하였습니다. 그동안 좋고 나쁜 이런저런 일이 있었지만, 모두 세월의 저편으로 흘려보내고, 앞으로 다닐 새로운 학교에서 공부에 전념하고자 합니다. 요즘은 대학교 수업료도 비싸고, 그 대학에 들어가기까지 쓰는 사교육비도 만만치 않아서, '빛나는 졸업장'이 아니라 '빚내는 졸업장'이라고 불러야 하지만 다행히 일본은, 아르바이트가 발달한 나라이고 또 장학금제도도 많기 때문에 빚을 낼 필요까지는 없어서 느즈막한 나이에도 '빛바랜 졸업장'을 받을 수 있었습니다.

제가 다녔던 아카몽카이(赤門会日本語学校)는 일본어학교 중에서 규모가 큰 편이라, 졸업생 숫자가 웬만한 중·고등학교 수준은 됩니다. 본교(本校) 212명, 닛포리교(日暮里校) 133명, 지난해 졸업생까지 포함하면 약400명 가까이 되는군요. 졸업식은 학생 대표가 졸업증서를 받는 것을 시작으로, 이사장 축사, 표창식, 교장축사, 재학생 대표의 송사(送辭), 졸업생 대표의 답사(答辭), 졸업생 군독(群讀), 졸업식 노래 제창 순으로 진행되었습니다.

일본어학교는 출석률이 중요하기 때문에 표창도 개근상(皆勤賞)을 으뜸으로 치는데 1년 반에서 2년 동안의 출석률이 100%여서 개근상을 받은 사람이 8명이나 나왔습니다. 2년 가까이 학교를 다니면서 단 한 번도 지각, 결석을 안 했다는 것은 정말 대단한 의지를 가졌다고 해도 과언이 아닙니다. 저도 저런 경지까지는 이르지 못했습니다.

그 다음은 출석률이 95~99%인 사람들이 정근상(精勤賞)을 받았습니다. 저는 지각은 없었지만 결석이 두

번 있었기 때문에 출석률 99%로 여기에 포함되었습니다. 결석을 하면 했지 지각은 싫었습니다. 부상으로는 표창장, 상패, 상품권 5천 엔이 수여되었는데 정확히 몇 명인지는 모르겠지만 개근상보다 조금 많았던 것 같습니다. 개근상과 정근상 다음으로 중요한 것은 바로 우수상(優秀賞)입니다. 출석률과 일본어능력시험, 일본유학시험의 성적이 좋은 사람에게 수여하는데, 올해 졸업생의 최고점은 380점대였습니다. 저는 작년 12월 점수가 352점이었는데, 최고점과의 점수 차이는 어쩔 수 없네요. 그래도 간신히 턱걸이로 우수상을 받을 수 있었습니다. 마지막으로 공로상(功勞賞)이라는 것이 있는데, 우리말로 바꾸면 인기상에 해당합니다. 학교 행사에 적극적으로 참여한 학생에게 주는 상인데 행사 때 사회자로 얼굴이 널리 알려진 한국학생과 중국학생이 사이좋게 나누어 받았습니다.

일본어학교 졸업식은 항상 노래를 부르면서 마무리를 하는데 올해의 노래는 이키모노가카리(いきものがかり))의 YELL이란 노래였습니다. YELL(エール)은 일본어로는 응원소리, 성원(聲援)이란 뜻으로 노래 가사에 졸업이란 단어는 나오지 않지만 졸업과 적당히 어울리는 노래라고 생각됩니다. 친구들과 함께 보낸 날들을 가슴에 품고 새로운 하늘을 향해 힘차게 날아오르자는 그런 내용이죠. 마지막으로 교장 선생님이 하신 말씀이 가슴에 닿았습니다. 이 말을 명심하며 1년 반여간의 추억을 간직하려 합니다.

"오늘을 시작이라고 생각해 주십시오. 오늘을 시작이라고 생각하는 사람은 반드시 무언가를 붙잡을 수 있다고 생각합니다. 졸업이니까, 4월부터라고 생각하는 사람은 또 같은 잘못을 되풀이하기 마련입니다. 졸업생 여러분. 졸업식, 바로 오늘부터가 시작입니다."

도쿄 통신원 아이쯔로부터

2008년 9월, 아사히신문 나리마스 지점에서 신문장학생으로 일본생활을 처음 시작한 이병관님은 1년 반의 어학교를 졸업하고 현재는 아르바이트로 전환하여 전문대학교를 다니고 계십니다. 다양한 시선으로 재미있는 이야기를 전해주신 이병관님께 다시 한 번 감사의 말을 전합니다.

● ● 알고 싶어요 ●

23 급여명세서

신장생이 받게 되는 급여명세서는 일본직원이 받는 것과 동일한데, 일본으로 오기 전 '장학생' 이라는 명칭으로 인해 잘못 이해하고 있던 많은 부분들이 급여명세서를 받으면서 확실히 이해가 되기 시작했다.

● 근무일자

취업일수 그 달의 총 근무가능일수
(조·석간을 1일로 계산)

출근일수 총 출근 일수

결근일수

배달부수 조간기준

전월멈춤 계약이 종료 된 부수

당월멈춤

조조업무

부양인

휴일업무일수 휴일을 사용하지 않음

● 지급내역

기 본 급 수금시 5000엔가량 추가 지급

업무수당 기본지급

수금수당 수금액에 따라 최대 3%까지 지급

조조수당 기본지급

휴일수당 휴일을 반납하고 근무를 하는 경우(미세에 따라 상이)

확 장 비 계약을 받아내는 경우.

보　　조 기타 보조금

숙사비보조

● 공제내역

건 강 보 험

후 생 연 금

과세대상액

소 득 세

지급제확장비 계약관련비용

사 재 비 원하는 숙사가 있을 경우 추가지불

수도광열비 가스비, 수도비, 전기비

자기분담금 보증금(계약 종료 후 수령가능)

가 불

●실수령액

지급액에서 공제금을 제한 나머지를 매달 15일 현금으로 지급한다.

❖: 1년간의 급여변동 추이

급여명세서의 전체적인 양식은 동일하지만 신문사와 미세에 따라서 적용방법이 조금씩 다를 수 있다. ※ 급여는 전월의 근무일과 성과를 기준으로 지급받는다.

9월 – 9월분에 해당하는 10일간만의 급여만 지급됨

10월 – 일을 시작한 후 2달이 지난 11월, 처음으로 정상급여를 받게 됨

12월 – 수금수당이 추가되면서 처음으로 11만 엔을 돌파 함

6월 – 보너스 수령조건인 6개월 이상 근무기간이 지나면 상반기 정기 보너스를 받게 됨

9월 – 10월분을 포함한 결산 급여를 받음

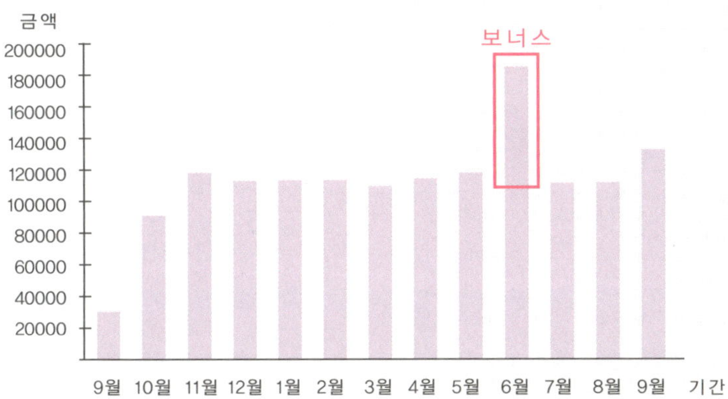

기본금은 일정하나 수금수당, 휴일수당, 수도광열비의 증감 여부에 따라 급여가 결정 된다.

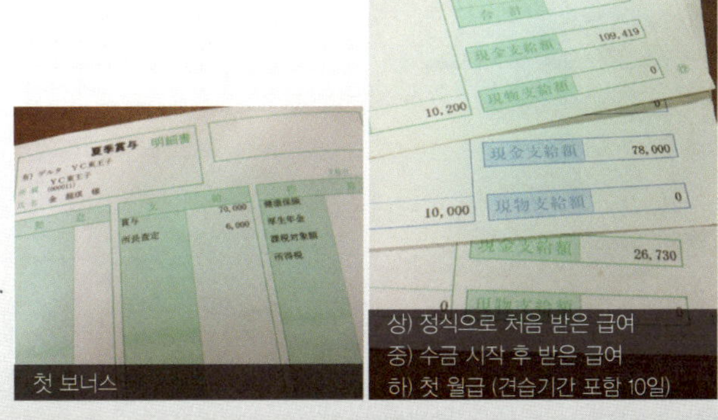

✷ 참고자료 – 아사히 신장생 급여 명세서

• 신문장학생(어학교)

給与支給明細書

평성(平成)20년 10월분 급여 유한회사 瀧上商事③

所属氏名	所属	社員番号	氏 名		
	005	000018	季 柄宮	様	

기본급(基本給) 150,000

雜費(잡비) 4,734 · 成朝会費(육성회비) 2,000 · 返済金(학비지원금) 60,000 · 所得税(소득세) 2,920

총지급액(總支給金額) 150,000 · 공제급액(控除合計額) 69,654 · 差引支給額 80,346 · 실수령액(現金支給額) 80,346

명세서의 형식은 조금 다르지만 기본적인 구성은 동일하다. 학비를 제공받는 형태의 신문장학생(유학원 기준)은 기본급 15만 엔에서 학비 6만 엔과 기타 공제액을 제한 실수령액으로 8만 엔 정도를 수령한다(수금하지 않음).

• 아르바이트로 전환(1년 후)

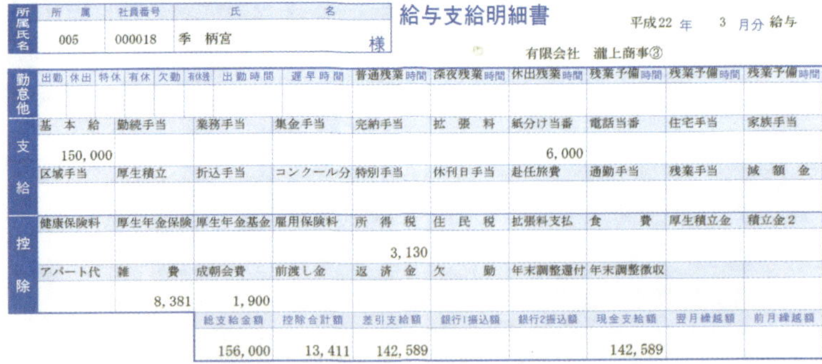

給与支給明細書

평성(平成)22년 3월분 급여 유한회사 瀧上商事③

所属氏名	所属	社員番号	氏 名		
	005	000018	季 柄宮	様	

基本給 150,000 · 紙分け当番 6,000 · 所得税 3,130 · 雜費 8,381 · 成朝会費 1,900

總支給金額 156,000 · 控除合計額 13,411 · 差引支給額 142,589 · 現金支給額 142,589

아르바이트로 전환을 한 경우는 기본급은 15만 엔으로 동일하지만 학비 공제가 안되기 때문에 실수령액은 14만 엔 정도가 된다. 대학진학 시 신문장학생이 아닌 일반 아르바이트로 한다면 학비를 위해 꾸준한 저축이 필요하다.

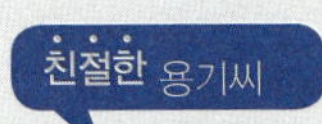

█ 통장 만들기!

신문장학생의 경우 대부분 급여를 현금으로 받기 때문에 급여통장이 꼭 필요하지는 않지만 입출금, 송금, 계좌이체 등을 위해서는 통장을 만들어야 한다.

통장 개설에 필요한 서류

• 외국인등록증 혹은 교부예정기간 지정서, 도장, 초기 입금할 돈

신규가입 창구에서 신청서를 작성하고 서류를 제출하면 바로 그 자리에서 만들어 준다. 현금카드는 신청 일주일 후에 주소지로 배송되지만 외국인등록증과 다른 주소지로 배송 받는 건 불가능하기 때문에 반드시 외국인등록증과 같은 주소를 기입해야 한다(이사를 해야 할 경우는 전입신고 후 가능).

• 은행 통장

통장은 크게 은행 통장과 우체국 통장으로 나뉘는데 은행의 경우 지점이 많아 편리하다는 장점이 있지만, 현지 체류 6개월 미만인 경우 잘 발급을 해주지 않는 다는 단점도 있다. 그러나 은행마다 그리고 지점마다 발급 여부가 다를 수 있으니 화내지 말고 다른 곳도 들려보기 바란다.

• 체류 기간이 6개월 미만일때 은행통장이 발급되는 경우

학생증을 소지하고 학교 근처의 은행에서 계좌를 신청 할 경우.
일하는 가게 근처의 은행에서 계좌를 신청 할 경우.(근로 증명서를 요구 할 수 있다)
두 가지 중 하나라도 해당이 되면 자기가 살고 있는 동네에서도 발급 가능하다.

• 우체국 통장

외국인 증명서와 도장만 있다면 아무제약 없이 누구나 만들 수 있는 우체국 통장! 발급이 잘 되기 때문에 가장 많은 유학생이 사용하고 있기는 하지만 지점을 찾기 어렵다거나, 계좌이체로 월급을 받을 때 수수료가 비싸다(타 은행과 계좌이체 가능).

월급 계좌이체 수수료는 본인이 부담해야하기 때문에 급여 통장은 가게에서 지정해주는 은행의 통장으로 하는 것이 좋다.

3년간의 구상, 그리고 1년간의 집필

〈일본신문장학생 : 50만원으로 일본유학 가자〉는 미로처럼 얽혀있던 나의 생각을 정리해내는 쉽지 않은 작업이었다. 말로 풀어낸다면 몇 일이라도 떠들어댈 자신이 있었지만, 글로 써내려가는 과정은 공력이 부족한 나에게 조금은 벅찬 일이었다.

추가 사진촬영과 인터뷰, 그리고 수정작업을 반복하면서 출간일이 몇 번이나 미루어지고 나도 점점 지쳐갔다. 하지만, 이번에는 정말 끝을 보고 싶었다. 이 책은 앞에서도 밝혔듯이 29년간, 고민 속에서 아무것도 이루지 못한 나의 첫 번째 결과물이다.

신문장학생과 관련해 보다 재미있고 보다 정확한 내용을 전하려고 최선을 다했다. 그래도 부족함이 많은 것이 사실이지만 일본 유학을 꿈꾸는, 아니 고민만 하고 있는 사람들에게 조금이나마 힘이 되어주고 싶다는 마음은 간절하다.

special thanks to
낯선 소재에도 불구하고 선뜻 손을 잡아주신 출판사 강 대표님, 제 어깨를 다독여주며 마지막까지 최선을 다해주신 윤은정님. 너무나 고생을 많이 한 사진작가 이동혁님. 어려운 여건에도 불구하고 사진촬영과 인터뷰에 최선을 다해주신 양용석님, 김은희님, 이병관님, 정영도님, 조형환님. 많은 도움을 주신 김성희, 일본워킹홀리에이 Sora, Rea작가님, 그리고 사랑하는 나의 친구들. 마지막으로 저를 믿고 끝까지 응원을 해주신 김경숙 회장님, 7mile beach 김현승님께도 깊은 감사의 말을 전합니다.

지금도 열심히 자신의 꿈을 위해 땀방울을 흘리고 있는 모든 일본신문장학생들에게 이 책을 바칩니다.

도서출판 이비컴의 실용서 브랜드 '이비락'은 더불어 사는 삶의 긍정적인 변화를
가져다 줄 유익한 책을 만들기 위해 끊임 없이 노력합니다.
원고 및 기획안 문의 : help@bookbee.co.kr